KB178998

하위헌스가 들려주는 파동 이야기

하위헌스가 들려주는 파동 이야기

ⓒ 정완상, 2010

초 판 1쇄 발행일 | 2005년 5월 30일
개정판 1쇄 발행일 | 2010년 9월 1일
개정판 15쇄 발행일 | 2021년 5월 28일

지은이 | 정완상
펴낸이 | 정은영
펴낸곳 | (주)자음과모음

출판등록 | 2001년 11월 28일 제2001-000259호
주   소 | 04047 서울시 마포구 양화로6길 49
전   화 | 편집부 (02)324-2347, 경영지원부 (02)325-6047
팩   스 | 편집부 (02)324-2348, 경영지원부 (02)2648-1311
e-mail | jamoteen@jamobook.com

ISBN 978-89-544-2016-7 (44400)

하위헌스가
들려주는

파동 이야기

| 정완상 지음 |

|주|자음과모음

하위헌스를 꿈꾸는 청소년을 위한 '파동' 이야기

하위헌스는 파동 이론을 창시한 물리학자입니다. 그는 파동이 어떻게 반사되고 어떻게 굴절되는지를 처음으로 알아냈습니다. 이 원리는 그의 이름을 따서 하위헌스의 원리라고 부릅니다. 이 책은 학생들에게 파동에 대한 모든 것을 알려주는 책입니다. 물에 돌을 던졌을 때 만들어지는 파동에서부터 우리가 서로 말을 주고받을 때 만들어지는 소리(음파)까지 자세히 다루고 있습니다. 이 책을 통해 학생들은 하위헌스의 위대한 이론을 접할 수 있습니다.

저는 주변에서 흔히 볼 수 있는 파동을 통해 학생들이 파동의 여러 가지 성질을 쉽게 이해할 수 있게 하였고 또한 학생들이 게임을 하면서 파동을 이해할 수 있는 독특한 수업 방식을 채택했습니다. 키가 똑같은 8명의 아이를 1m 간격으로 세우고 아이들은 머리에 1부터 8까지 번호가 적힌 똑같은 모자를 쓰고 있어 아이들이 직접 돌림 댄스에 의해 오르락내리락하는 파동을 만들었습니다.

저는 한국과학기술원(KAIST)에서 이론 물리학을 공부한 내용을 토대로 학생들을 위해 우선 쉽고 재미난 강의 형식을 도입했습니다.

이 책을 읽기 전에 저자가 전에 발표한 《갈릴레이가 들려주는 낙하 이론 이야기》, 《뉴턴이 들려주는 만유인력 이야기》를 먼저 읽는다면 도움이 될 것이라 생각합니다.

특히 책의 마지막 부분에 실은 패러디 동화 '브레멘 동물 음악 대회'에서 여러 동물들이 악기의 물리학 원리를 깨치게 하는 모습을 통해 하위헌스의 파동 이론을 재미있게 배울 수 있었으면 합니다.

끝으로 이 책을 출간할 수 있도록 배려하고 격려해 준 강병철 사장님과, 예쁜 책이 될 수 있도록 수고해 주신 편집부의 모든 식구들에게 감사드립니다.

정 완 상

차례

1

파동이란 무엇일까요?

물에 돌멩이를 던지면 출렁거리는 파도가 생깁니다.
파동에 대해 알아봅시다.

1

첫 번째 수업
파동이란 무엇일까요?

하위헌스가
쾌청한 날씨에 미소를 지으며
첫 번째 수업을 시작했다.

우리는 이제 파동의 세계로 모험
을 떠날 것입니다.

하위헌스는 학생들을
데리고 연못으로 갔
다. 그리고 연못 한가
운데 돌을 던졌다. 그
러자 연못에는 동그란

파문이 일었다.

이것이 바로 파동입니다. 이 파동은 물결파라고 하지요. 파동의 정의는 다음과 같습니다.

파동은 어느 한 지점의 진동이 옆으로 퍼지는 현상이다.

파동을 정의하는 데 진동이라는 단어가 사용됐군요. 그럼 진동이란 뭘까요?

하위헌스는 오른쪽으로 한 발짝 움직였다.

오른쪽(R)   왼쪽(L)

+1

하위헌스는 다시 왼쪽으로 한 발짝 움직여 제자리로 왔다.

오른쪽(R)   왼쪽(L)

0

하위헌스는 계속해서 왼쪽으로 한 발짝 더 움직였다.

오른쪽(R)   왼쪽(L)

−1

하위헌스는 다시 오른쪽으로 한 발짝 움직여 제자리로 왔다.

오른쪽(R)   왼쪽(L)

0

　내가 원래 위치를 중심으로 왼쪽 오른쪽으로 왔다 갔다 했
지요? 이렇게 한 점을 중심으로 방향을 바꾸어 왔다 갔다 하
는 운동을 진동이라고 합니다.

　하위헌스는 용수철에 추를 매달고 용수철을
잡아당겼다가 놓았다. 그때 용수철에 매달린
추가 왕복 운동을 하기 시작했다.

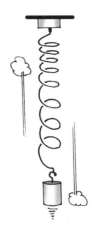

　이것도 진동의 대표적인 예이지요. 이러
한 진동이 옆으로 퍼지는 것이 바로 파동

이지요. 예를 들어 축구장에서 파도타기 응원을 하는 것도 파동이지요.

이제 간단한 파동을 봅시다.

하위헌스는 줄을 가지고 와서 한쪽 끝을 벽에 묶어 반대쪽 끝을 흔들었다.

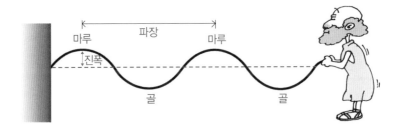

줄이 오르락내리락하죠? 이것도 파동입니다. 줄의 각 지점이 진동을 하고 그 진동이 옆으로 퍼져 나가고 있는 거지요. 이때 줄 자체는 이동하지 않고 줄의 각 점들이 진동을 하지요? 이것이 바로 파동의 특징입니다. 파동에서 진동을 전달하는 물질을 매질이라고 합니다. 즉, 줄에 생긴 파동의 매질은 줄 자신이고 물결파의 매질은 물입니다.

줄에 생긴 파동의 모양을 다시 봅시다. 줄이 가장 높이 올라간 지점을 마루라고 하고, 가장 아래로 내려간 지점을 골이라고 합니다.

이때 마루와 마루 사이의 거리를 파의 길이라고 해서 파장이라고 하지요. 또한 원래의 위치에서 마루까지의 거리를 파동의 진폭이라고 합니다.

과학자의 비밀노트

매질과 파동

파동을 매개하는 물질을 매질이라고 한다. 빛을 제외한 파동은 모두 그것을 매개하는 매질에 의해 전파된다. 예를 들어 지진파는 지각을 통해 전파되고, 수면파는 물을 통해 전파된다. 소리(음파)는 공기, 물, 금속 등 대부분의 물질을 매개로 하여 전파된다. 이처럼 매질이 매개가 되는 파동은 매질이 없으면 전파되지 않으며, 매질의 성질에 따라 파동의 성질도 바뀐다. 수면파는 매질인 물의 깊이가 얕아지면 속력이 느려지고 파장이 짧아진다. 지진파 중 종파인 P파는 고체와 액체 모두를 통과하지만, 횡파인 S파는 액체를 통과하지 못한다. 이 사실을 이용해 지구 내부 구조에 대해서 연구할 수 있다.

자, 우리 파동을 직접 체험해 볼까요?

네? 파동 체험이요?

진동이 돌비에게까지 전해지죠? 바로 이게 파동이랍니다. 즉, 어느 한 지점의 진동이 옆으로 퍼지는 현상을 파동이라고 하죠.

앞에서 파동을 정의하는데 진동이라는 단어를 사용했어요. 그럼 또 진동이란 뭘까요?

잘 모르겠어요.

진동이란 이 시계처럼 한 점을 중심으로 방향을 바꾸어 왔다 갔다 하는 운동을 말한답니다.

아―

이러한 진동이 옆으로 퍼지는 것이 바로 파동이지요. 예를 들어 축구장에서 파도타기 응원을 하는 것도 파동이랍니다.

그럼 이번엔 진동을 직접 체험해 볼까요?

선생님 잘 알았으니까 이것만은…

학생들이 만드는
파동 댄스

학생들과 함께 파동을 만들어 봅시다.
파장, 주기, 진동수에 대해 알아봅시다.

학생들이 만드는
파동 댄스

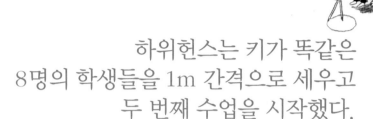

하위헌스는 키가 똑같은
8명의 학생들을 1m 간격으로 세우고
두 번째 수업을 시작했다.

오늘은 우리들이 매질이 되는 파동을 만들어 보겠어요.

학생들은 머리에 똑같은 모자를 쓰고 있고, 모자에는 첫 번째 학생
부터 순서대로 1에서 8까지의 숫자가 씌어 있었다. 하위헌스는 학
생들에게 고개를 조금 숙인 상태로 서 있게 했다.

이 8명의 학생들이 만드는 파동을 봅시다. 이제 학생들에게 '학교종' 노래를 불러 주겠어요. 그런데 '학교종' 노래를 조금 다르게 불러 봅시다. 쉼표나 2분 음표를 빼고 모두 4분 음표로 만들어 보기로 하지요.

4분 음표 하나를 하나의 시간 간격이라고 해 봅시다. 그럼 '학교종' 노래는 일정한 시간 간격으로 한 글자씩 나오는 노래가 됩니다. 이제 학생들은 처음 위치에서 4분 음표 하나가 진행될 때마다 고개를 높이 들었다가 아래로 숙이는 동작을 반복할 것입니다. 또 고개를 들었던 학생은 다음 글자에서 원래의 위치로 돌아가고, 그 다음 글자에서는 머리가 더 아래로 내려가게 하기 위해 앉습니다.

이 동작은 고개의 위치가 원래의 위치보다 위에 있다가 아래에 있는 것을 반복하므로 진동입니다.

이제 이런 진동을 1번 학생부터 시작하여 옆으로 퍼져 나가게 합시다. 그러니까 1번이 행한 동작을 2번이 따라 하고, 그다음에 3번이 2번의 동작을 따라 하는 돌림 율동이 되겠지요. 노래 가사 한 음절을 1초마다 부르기로 합시다.

하위헌스는 남아 있는 학생들과 '학'을 외쳤다. 1번 학생이 머리를 들었다. 1번 학생의 머리만 위로 올라갔다.

하위헌스는 '교'를 외쳤다. 1번 학생의 머리는 원래 위치로 내려오고, 2번 학생의 머리가 위로 올라갔다.

하위헌스는 '종'을 외쳤다. 1번 학생의 머리는 아래로 내려가고, 2번 학생의 머리는 원래 위치, 3번 학생의 머리는 위로 올라갔다.

하위헌스는 '이'를 외쳤다. 1번 학생의 머리는 원래 위치가 되었고, 2번 학생의 머리가 아래로 내려가고, 3번 학생의 머리는 원래의 위치, 4번 학생의 머리는 위로 올라갔다.

1번 학생의 머리가 원래의 위치로 돌아왔군요. 그러니까 1번 학생은 한 번의 진동을 완료했습니다. 그러니까 4초 만에 한 번 진동을 완료했지요? 이때 매질이 한 번 진동하는 데 걸린 시간 4초를 이 파동의 주기라고 합니다.

하위헌스는 그다음 가사인 '땡땡땡땡'을 같은 시간 간격으로 불렀다. 학생들의 머리의 모양은 다음과 같이 변했다.

마루와 골이 바뀌는 모습이 보이지요? 그 모습을 보면 마루가 마치 옆으로 움직이는 것처럼 보입니다. 이때 8명의 학생들은 매질이 되어 파동을 만들고 있는 것입니다. 이 파동의 이름을 '학교종파'라고 합시다.

학교종파에서 각각의 학생들의 머리는 어느 방향으로 움직였지요?

__위아래 방향입니다.

파동의 마루는 어느 방향으로 움직이지요?

__오른쪽 방향입니다.

파동의 마루가 움직이는 방향을 파동의 진행 방향이라고 합니다. 그러니까 이 파동은 오른쪽으로 진행하는 파동이지

요. 이렇게 파동의 진행 방향과 매질의 진동 방향이 수직인 파동을 횡파라고 합니다.

그러므로 물결파도 물을 이루는 알갱이들이 위아래로 진동하는 것이 옆으로 퍼져 나가는 횡파인 것입니다.

파장과 진동수

이번에는 학교종파의 파장에 대해 알아봅시다. 학생들의 활동에서 진동의 주기는 4초입니다. 이때 처음 몇 초 동안 학생들의 머리를 선으로 이어 봅시다.

1초 때 처음 마루(1번 학생의 머리)가 나타났지요? 그리고 5초 때 다시 두 번째 마루(5번 학생의 머리)가 나타났습니다. 학생들 사이의 간격은 1m이므로 마루와 마루 사이의 거리는 4m입니다. 그러므로 이 파동의 파장은 4m입니다. 그런데 파동마다 파장이 다릅니다. 예를 들어, 파도의 파장은 수 m 정도로 길고 물결파의 파장은 수 cm 정도이지만 X선의 파장은 1억 분의 1m 정도로 짧습니다.

이때 다음의 그림을 보면 4초 후 파동이 하나 더 만들어진 것처럼 보입니다. 그것은 다르게 생각하면 4초 동안 파동이

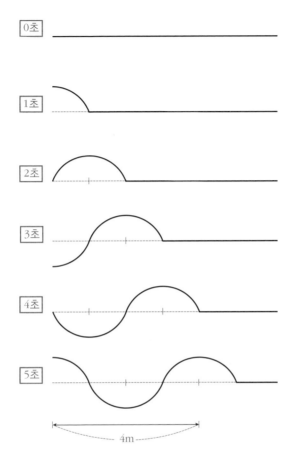

파장 4m만큼 움직였다고 볼 수 있습니다. 이때 단위 시간 동안 파동이 움직인 속도를 파동의 속도라고 합니다. 그러므로 다음 식이 성립하지요.

파장 = 파동의 속도 × 주기

그러므로 이 파동의 속도는 1m/s입니다.

자, 이번에는 파동의 속도가 좀 더 빠른 경우를 볼까요?

하위헌스는 8명의 학생들을 2m 간격으로 서 있게 했다. 그리고 학교종 노래를 1초에 한 음절씩 불렀다.

이제 학생들의 머리를 이은 선을 그려 보면 다음과 같지요.

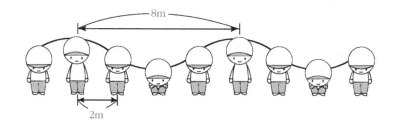

4초 후에 두 번째 마루가 나타났으니까 이 파동도 주기가 4초입니다. 하지만 이때 마루와 마루 사이의 거리는 8m가 됩니다. 그러므로 이 파동의 속도는 2m/s가 되지요.

두 파동을 동시에 그려 놓고 비교해 보겠습니다.

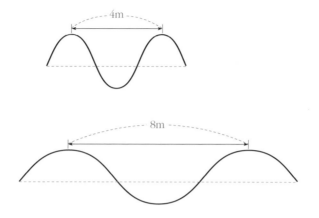

두 파동은 모두 4초 후에 두 번째 마루가 나타났습니다. 하지만 두 번째 파동의 파장이 두 배로 길지요? 그러므로 두 번째 파동의 마루가 같은 시간 동안 더 빠르게 이동한다는 것을 알 수 있습니다.

일반적으로 파동의 속도는 매질이 얼마나 단단한가에 따라 달라집니다.

하위헌스는 길이가 같은 줄 2개를 벽에 묶었다. 하나는 가벼운 줄이고, 다른 하나는 무거운 줄이었다. 하위헌스는 줄 2개를 동시에 흔들었다. 무거운 줄에서 두 번째 마루가 더 먼저 나타났다.

무거운 줄에 만들어진 파동의 속도가 더 크지요? 일반적으

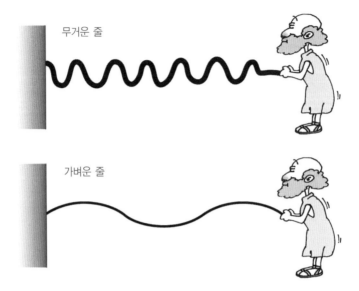

무거운 줄

가벼운 줄

로 파동의 속도는 매질이 단단할수록 커진답니다.

이제 진동수에 대해 알아봅시다. 진동수는 1초 동안 각 매질이 진동을 한 횟수입니다. 예를 들어, 어떤 파동의 주기가 0.5초라고 합시다. 그럼 0.5초에 진동을 한 번 완료합니다. 그러므로 1초 동안의 진동 횟수를 □라고 하면 □는 다음과 같습니다.

$$0.5 : 1 = 1 : □$$
$$□ = \frac{1}{0.5} = 2$$

즉, 이 파동은 1초에 두 번 진동하지요. 이때 진동수의 단위는 헤르츠라고 읽고 Hz라고 씁니다. 그러므로 이 파동의 진동수는 2Hz입니다. $\frac{1}{0.5}$은 주기의 역수입니다.

진동수는 주기의 역수이다.

파동의 파장은 주기에 비례합니다. 즉 다음과 같지요.

파장 = 파동의 속도 × 주기

이 식의 양변에 $\frac{1}{주기}$을 곱하면

파장 × $\frac{1}{주기}$ = 파동의 속도

가 되고 $\frac{1}{주기}$ = 진동수이므로 다음과 같이 됩니다.

파장 × 진동수 = 파동의 속도

따라서 파동의 속도가 일정할 때 파장과 진동수는 반비례한다는 것을 알 수 있습니다.

파동의 에너지

그럼 파동의 에너지와 진동수 또는 파장과의 관계는 어떻게 될까요?

하위헌스는 벽에 줄을 매달고 줄을 살살 흔들었다. 파장이 긴 파동이 만들어졌다.

살살

하위헌스는 벽에 줄을 매달고 줄을 세게 흔들었다. 파장이 짧은 파동이 만들어졌다.

세게

줄을 살살 흔들 때보다는 세게 흔들 때 더 많은 에너지가 필요합니다. 그리고 이 에너지는 파동에 전달되어 파동의 에너지가 되지요. 그러므로 다음과 같은 결론을 얻을 수 있습니다.

파장이 짧을수록 파동의 에너지는 크다.

파장과 진동수는 반비례하므로 다음과 같이 말할 수도 있지요.

진동수가 클수록 파동의 에너지는 크다.

선생님, 그게 뭔가요?

파동 실험 장치예요. 버튼을 누르면 각 추가 1초마다 앞뒤로 왔다 갔다 하도록 되어 있는 추 8개가 1cm 간격으로 놓여 있지요.

이제 이런 진동을 1번 추부터 시작하여 옆으로 퍼져 가는 모습을 추의 밑에서 볼까요?

1번 추가 4초 만에 원래의 위치로 돌아왔군요. 그러니까 1번 추는 4초 만에 한 번 진동을 완료했지요? 이때 매질이 한 번 진동하는 데 걸린 시간 4초를 이 파동의 주기라고 합니다. 계속 볼까요?

마루와 골이 바뀌는 모습이 보이지요? 그 모습을 보면 마루가 마치 옆으로 움직이는 것처럼 보입니다. 이때 8개의 추가 매질이 되어 파동을 만들고 있는 거지요.

아아~

그리고 이 파동에서 추는 앞뒤 방향으로 움직이고 마루는 오른쪽 방향으로 움직였죠?

이처럼 파동의 마루가 움직이는 방향을 파동의 진행 방향이라고 하고, 이렇게 파동의 진행 방향과 매질의 진동 방향이 수직인 파동을 횡파라고 합니다.

아~그렇군요.

3

소리도 파동일까요?

소리는 어떻게 만들어지나요?
소리는 음파라고 부르는 파동입니다. 음파에 대해 알아봅시다.

3

소리도 파동일까요?

하위헌스는
용수철을 가지고 와서
세 번째 수업을 시작했다.

오늘은 소리에 대해 알아보겠습니다. 소리는 공기 분자의 진동이 옆으로 전달되는 파동이지요. 그래서 소리를 음파라고도 합니다. 그런데 소리는 줄을 흔들 때 생기는 파동과 다른 모양입니다.

하위헌스는 기다란 용수철을 바닥에 놓았다. 그리고 은경이는 용수철의 한쪽 끝을 잡고, 영민이가 다른 쪽 끝을 잡고 빠르게 앞뒤로 이동시켰다.

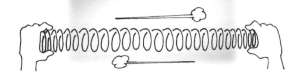

용수철이 압축되어 있는 부분도 있고 팽창되어 있는 부분도 있지요? 압축되어 있는 부분을 밀이라고 하고, 팽창되어 있는 부분을 소라고 합니다. '밀' 부분은 매질들 사이의 거리가 가깝고, '소' 부분은 매질들 사이의 거리가 멀지요. 물론 '소' 부분은 잠시 후 '밀' 부분이 되고 '밀' 부분은 '소' 부분이 됩니다. 그러므로 용수철의 각 지점은 '소'와 '밀'이 반복됩니다. 이것을 자세히 관찰하면 처음 생긴 '밀' 부분이 옆으로 이동하는 것을 알 수 있습니다.

이때 '밀' 부분이 이동하는 방향이 파동의 진행 방향입니다. 그런데 이 방향은 각 지점이 압축되었다 팽창되는 진동의 방향과 일치하지요? 이렇게 파동의 진행 방향과 이동 방향이 나란한 파동을 종파라고 합니다. 종파는 '소'와 '밀'이 교대로 나타나므로 소밀파라고도 합니다.

종파 만들기

이번에는 우리가 매질이 되어 종파를 만들어 봅시다.

하위헌스는 학생들 6명을 1m 간격으로 일직선으로 세웠다.

아래쪽 그림은 학생들의 처음 위치를 수직선의 좌표로 나타낸 것입니다.

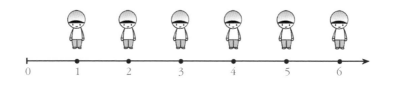

이제부터 첫 번째 학생부터 1초 후 오른쪽으로 0.8m 움직였다가 1초 후 제자리로 돌아왔다가, 다시 1초 후 왼쪽으로

0.8m 움직였다가 1초 후 제자리로 돌아오는 진동을 하게 될 것입니다. 그러니까 진동의 주기는 4초입니다. 진동수는 주기의 역수이므로 이 파동의 진동수는 0.25Hz이지요.

이 진동이 파동이 되려면 1번 학생의 동작을 다음에 2번 학생이 따라 하고, 2번 학생의 동작을 다음에 3번 학생이 따라 하는 식이겠지요. 이 파동에서 학생들은 처음 위치에서 최대 0.8m 떨어지게 되므로 0.8m가 진폭입니다.

1초 후 모습은 다음과 같습니다.

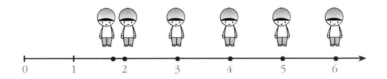

2초 후 모습은 다음과 같습니다.

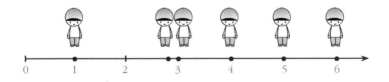

3초 후 모습은 다음과 같습니다.

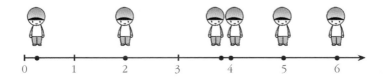

4초 후 모습은 다음과 같습니다.

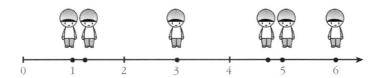

5초 후 모습은 다음과 같습니다.

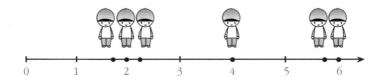

학생들 사이가 가까워지기도 하고 멀어지기도 하지요? 그러므로 '소'와 '밀'이 반복되면서 파동이 만들어진다는 것을 알 수 있습니다. 물론 이 파동의 매질은 6명의 학생들이죠.

종파의 가장 대표적인 예는 바로 소리입니다. 소리가 전달되는 방식은 앞에서 학생들이 보여 준 모습과 같습니다. 그렇다면 소리의 매질은 무엇일까요?

공기 중에서 소리가 전달될 때 매질은 공기 분자들입니다.

하위헌스는 갑자기 폭죽을 터뜨렸다. 학생들은 깜짝 놀라 귀를 막았다.

호수에 던진 돌멩이가 물 분자를 진동시키듯이 폭죽이 공기 분자를 진동시킵니다. 과연 그런지 간단하게 실험해 봅시다.

하위헌스는 천장에 실을 매달고 실에 종이 한 장을 매달았다. 그리고 소리굽쇠를 종이 근처에 놓고 두들겼다. 종이들이 소리굽쇠에서 멀어졌다 가까워지는 진동을 반복했다.

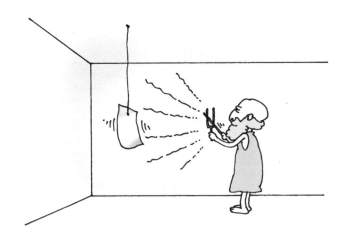

소리굽쇠를 때리면 진동하면서 주위의 공기 분자들을 진동시키죠. 그런 공기의 움직임이 종이와 충돌하여 종이를 움직이게 하는 거죠.

따라서 폭죽이 터지면서 폭죽 주위의 공기 분자가 진동하고, 그 진동이 옆으로 전달되어 여러분의 귓속에 있는 고막 근처의 공기 분자까지 진동이 이어집니다. 이 진동으로 고막은 속으로 눌려졌다 원래 위치로 되었다 밖으로 팽창되었다가 다시 원래 위치가 되는 진동을 하게 되지요. 이것이 바로 소리라고 부르는 종파입니다.

이때 고막이 늘어나는 정도가 소리의 진폭이 되고 고막이 1초에 몇 번 진동하는가가 소리의 진동수와 관계되지요. 이것을 통해 여러분은 소리를 듣게 됩니다. 이때 소리의 진폭은 큰 소리냐 작은 소리냐를 나타내고, 소리의 진동수는 높은음인지 낮은음인지를 나타냅니다. 예를 들어, 진동수가 264Hz이면 고막이 1초에 264번 진동되는데, 그 소리는 바로 '도' 음에 해당됩니다. 또한 '미' 음은 330Hz가 되지요.

사람은 모든 진동수의 소리를 들을 수 있을까요? 그렇지는 않습니다. 사람이 들을 수 있는 소리의 진동수는 20Hz에서 2만 Hz 사이입니다. 그러므로 진동수가 20Hz보다 작은 소리는 들을 수 없는데, 이것을 초저파라고 합니다. 하지만 코끼

리는 이런 소리를 낼 수 있고 들을 수도 있지요.

마찬가지로 2만 Hz보다 큰 진동수를 가진 소리는 사람이 들을 수 없는데, 이것을 초음파라고 합니다. 초음파를 들을 수 있는 동물로는 박쥐나 돌고래 등이 있지요.

소리의 속도

소리의 매질이 공기 분자이므로 공기 분자의 진동이 옆으로 전달되는 속도가 바로 소리의 속도입니다. 그러므로 분자들이 빠를수록 전달이 빨리 이루어지므로 소리의 속도가 빠릅니다.

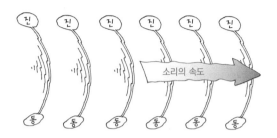

공기 분자는 온도가 높을수록 빨리 움직이죠? 그러므로 소리도 온도가 낮을 때보다 높을 때가 전달이 빠릅니다. 그러니까 겨울보다 여름에 소리가 빨리 전달되지요. 온도가 0℃일 때 소리의 속도는 331.5m/s이고, 1℃ 올라갈 때마다 소리의 속도는 0.6m/s씩 빨라집니다.

공기가 없으면 소리가 들릴까요? 물론 들리지 않습니다. 소리를 전달할 매질이 없기 때문이지요. 그러므로 달에서는 아무리 크게 떠들어도 소리가 전달되지 않습니다.

그렇다면 소리의 매질은 공기뿐일까요?

하위헌스는 옆 교실로 가서 벽에 대고 크게 소리쳤다. 학생들은 하위헌스의 소리를 들을 수 있었다.

나와 여러분 사이에 단단한 벽이 있는데 어떻게 내 소리를 들었나요? 그것은 소리가 벽을 통해서 전달되었기 때문입니다.

이렇게 소리는 기체, 액체, 고체 모두를 지나갈 수 있습니다. 고체는 액체나 기체보다 단단하지요? 파동은 단단한 매질에서 빠르게 진행하므로 소리는 고체를 통과할 때 빨라집니다. 예를 들어, 소리의 속도는 물속에서 1,500m/s가 되고, 철 속에서는 6,000m/s가 됩니다.

소리는 어떻게 전달될까요?

공기 분자의 진동에 의해 전달되는 거라고 알고 있어요.

맞아요. 소리는 공기 분자의 진동에 의해 전해지는 파동의 한 종류로 음파라고도 합니다. 그렇다면 소리의 파동이 어떤 모양인지 지렁이를 통해 한번 살펴볼까요?

지렁이를 관찰해 보면 움직일 때 압축되어 있는 부분도 있고 팽창되어 있는 부분도 있지요? 압축되어 있는 부분을 파동에서는 '밀'이라고 하고, 팽창되어 있는 부분을 '소'라고 해요. '밀' 부분은 진동을 전달하는 물질인 매질들의 거리가 가깝고, '소' 부분은 매질들 사이의 거리가 멀어요. 물론 '소' 부분은 잠시 후 '밀' 부분이 되고, '밀' 부분은 '소' 부분이 되지요.

밀 소
➡ 파동의 진행 방향

그러므로 지렁이의 각 지점은 '소'와 '밀'이 반복된답니다. 즉, 처음 생긴 '밀' 부분이 옆으로 이동하는 거지요. 그리고 이렇게 '밀' 부분이 이동하는 방향이 파동의 진행 방향이랍니다.

밀 소
소 밀
➡ 파동의 진행 방향

파동의 진행 방향은 각 지점이 압축되었다 팽창되는 방향과 일치하지요? 이렇게 매질의 진동 방향과 파동의 진행 방향이 나란한 파동을 종파라고 합니다. 소리는 바로 이런 종파의 대표적인 예랍니다.

저기 선생님, 근데 지렁이가….

끼야악

4

하위헌스의 원리란
무엇일까요?

파동은 어떻게 퍼져 나갈까요?
하위헌스의 원리에 대해 알아봅시다.

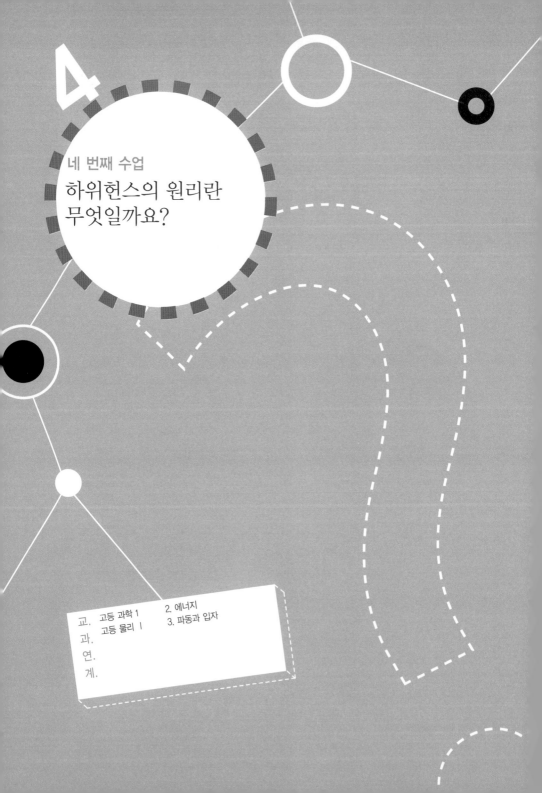

네 번째 수업

하위헌스의 원리란
무엇일까요?

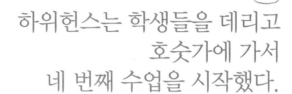

하위헌스는 학생들을 데리고
호숫가에 가서
네 번째 수업을 시작했다.

오늘은 파동이 퍼져 나가는 모습에 대해 알아보겠습니다.

바다에서 파도가 밀려오는 것을 관찰해 봅시다. 파동의 높은 부분(마루)을 이루는 선이 그 형태를 조금씩 바꾸면서 움직입니다. 이렇게 파동의 마루를 이어 준 곡선 혹은 곡면을 파면이라고 합니다. 이 파면이 시간에 따라 그다음 파면을 형성하는 원리를 내 이름을 따서 하위헌스의 원리라고 하는데, 그것에 대해 알아봅시다.

하위헌스는 호수에 돌을 던졌다. 돌이 떨어진 주위에 동심원의 파
문이 일었다.

원을 그리면서 파동이 퍼져 나가지요? 이 원들은 바로 파
면입니다. 물론 원의 반지름은 점점 커집니다. 하지만 모든
원의 중심은 돌이 떨어진 지점입니다. 이 지점을 파동이 생
기는 원천이라는 의미에서 파원이라고 합니다. 이렇게 파면
의 모양이 곡선이나 곡면인 파동을 구면파라고 하고, 파도가
밀려올 때처럼 파면의 모양이 직선이나 평면인 파동을 평면
파라고 합니다.

이제 하위헌스 원리를 이용하여 파면을 만들어 봅시다. 먼
저 구면파의 경우를 보겠습니다. 파원으로부터 첫 번째 마루

가 생기는 지점을 이으면 원이 됩니다.

파원

이 원 위의 몇 개의 점을 택해 그 점들을 새로운 파원으로 하는 원을 그려 봅시다.

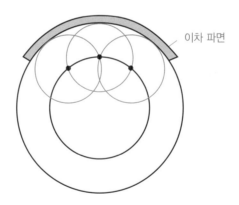

이차 파면

이렇게 만들어진 원들에 공통으로 접하는 면을 그리면 원이 됩니다. 이렇게 만들어진 원은 파원으로부터 두 번째 마루들을 연결한 면입니다. 이러한 파면을 처음 파면에 대한 이차 파면이라고 합니다. 이런 식으로 구면파가 어떻게 퍼져 나가는지를 정확히 알 수 있지요.

하위헌스 원리를 정리하면 다음과 같습니다.

파동이 전파될 때 파면 위의 모든 점에서 각각의 점을 새로운 파면 으로 하는 이차적인 구면파가 나타나고, 이와 같은 구면파에 공통 으로 접하는 면이 다음 순간의 새로운 파면을 이룬다. 이것을 하위 헌스의 원리라고 한다.

하위헌스의 원리를 평면파에 적용해 봅시다.

평면파의 첫 번째 파면을 생각합시다. 물론 평면파이기 때 문에 이 파면은 직선입니다. 이 파면의 몇 개의 점에서 구면 파를 그립니다.

이들 구면에 공통으로 접하는 면을 그립시다. 이 면이 새로

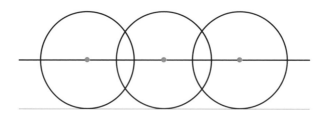

운 파면(이차 파면)이 되지요.

직선이 되었지요? 그러므로 평면파의 파면은 모두 직선이
됩니다.

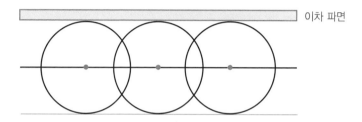

이차 파면

과학자의 비밀노트

평면파와 구면파

파동은 파면의 모양에 따라서 평면파와 구면파로 나눌 수 있는데, 파면의
모양이 직선 또는 평면을 이루면서 진행하는 파동을 평면파라고 하고, 파
면의 모양이 원 또는 구면을 이루면서 퍼지는 파동을 구면파라고 한다.
긴 막대로 물결파를 만들면 평면파가 만들어지며, 구면파도 멀리 퍼져 나
가면 평면파에 가까워진다. 구면파는 멀리 퍼져 나감에 따라 파동
에너지가 보존되어야 하므로 진폭이 줄어들지만, 평면파는 멀리 퍼
져 나가도 진폭에 거의 변함이 없다.

A지역 지진 발생. 지진파 10분 후에 이곳에 도달합니다.

와~ 그런 것까지 알 수 있어요?

물론이지요. 파동이 퍼져 나가는 모습을 미리 알면 간단하답니다.

파동이 퍼져 나가는 모습을 미리 안다고요?

그렇지요. 예를 들어, 바다의 파도를 보면 파동의 높은 부분(마루)을 이루는 선이 그 형태를 조금씩 바꾸면서 움직이지요? 이렇게 파동의 마루를 이어 준 곡선 혹은 곡면을 파면이라고 해요.

또 호수에 돌을 던졌을 때 돌이 떨어진 주위에 일어난 동심원의 파문을 보면 원의 반지름이 점점 커져요. 하지만 모든 원의 중심은 돌이 떨어진 지점이 되지요. 이 지점을 파동이 생기는 원천이라는 의미에서 파원이라고 하고, 이렇게 파면의 모양이 곡선이나 곡면인 파동을 구면파라고 해요.

이 파면이 시간에 따라 그다음 파면을 형성하는 원리를 하위헌스 원리라고 하는데, 이 원리를 이용하면 파동의 모양을 미리 알 수 있는 거지요.

아아….

하위헌스? 어, 선생님 이름하고 똑같네요.

똑같은 게 아니라 내가 생각해 내서 내 이름을 딴 거예요!!

5

파동은 어떻게 반사될까요?

파동이 벽에 부딪치면 어떻게 될까요?
파동의 반사에 대해 알아봅시다.

5

다섯 번째 수업

파동은 어떻게
반사될까요?

교.　고등 과학 1　　2. 에너지
과.　고등 물리 Ⅰ　　3. 파동과 입자
연.
계.

하위헌스는
지난 시간의 내용을 복습하며
다섯 번째 수업을 시작했다.

잔잔한 수면에 생긴 물결파가 벽을 만나 반사되는 것을 본 적이 있지요? 오늘은 파동이 어떻게 반사되어 새로운 파면을 만드는지 알아보겠습니다.

하위헌스는 준수와 아름이를 불러 벽 앞에 다음과 같이 긴 봉을 두 손으로 들고 서 있게 했다. 그리고 두 사람에게 45° 각도로 벽에 갔다가 벽에 부딪힌 후 같은 각도로 걸어 나가게 했다.

준수와 아름이를 같은 파면의 두 점이라고 해 봅시다. 그러

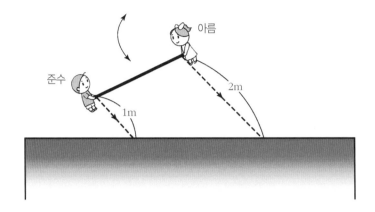

니까 준수와 아름이를 연결한 선이 파면이 됩니다. 준수는 1m
를 걸으면 벽에 도착하고 아름이는 2m를 걸으면 벽에 도착
합니다. 두 사람은 1초에 1m씩 걷는다고 합시다. 그러면 아
름이와 준수가 만드는 파동의 속도는 1m/s입니다. 이제 1초
후를 봅시다.

준수는 벽에 도착했지만 아름이는 아직 1m가 남아 있군

요. 다음 1초 후를 봅시다.

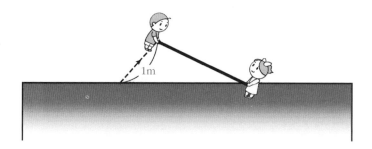

준수는 벽에 부딪친 후 같은 각도로 반사되어 1m를 걸어갔고 아름이는 이제야 벽에 도착했군요. 다음 1초 후를 봅시다.

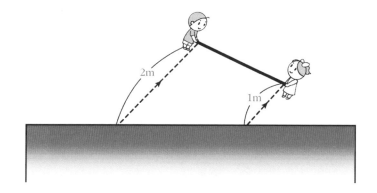

아름이와 준수가 만드는 반사된 새로운 파면이 만들어졌군요. 이런 식으로 파동은 장애물을 만나면 반사되어 새로운

파면을 만들지요. 이때 파동의 속도나 파장은 달라지지 않습니다. 또한 파동은 장애물에 부딪친 각도와 같은 각도로 반사되어 나아가는 성질이 있지요.

소리의 반사

이번에는 소리의 반사에 대해 알아봅시다. 소리의 반사를 '메아리'라고도 합니다. 우리가 산에 올라가서 반대쪽 산을 향해 소리를 지르면 우리가 지른 소리가 산에 반사되어 우리의 귀로 들어오는 것이 바로 '메아리'입니다.

하위헌스는 영광이에게 벽에서 1m 떨어진 곳에서 '아' 하고 소리를 외치게 했다. 하지만 영광이는 자신이 외친 소리의 메아리를 들을 수 없었다.

왜 영광이가 메아리를 못 들었을까요? 그것은 소리의 속도가 너무 빠르기 때문입니다.

소리는 1초에 340m를 움직입니다. 그러므로 1m를 가는 데는 $\frac{1}{340}$초가 걸리고 벽에 부딪친 후 다시 돌아오는 데 $\frac{1}{340}$초가 걸리므로, 영광이는 $\frac{1}{170}$초 후에 메아리를 듣게 됩니다. 하지만 이 시간은 너무 짧아서 영광이가 외친 소리와 메아리가 동시에 들리기 때문에 메아리를 구별할 수 없었습니다.

하위헌스는 경아에게 벽으로부터 34m 떨어져 있게 한 다음 '아' 하고 소리를 외치게 했다. 경아의 '아' 소리가 끝나고 메아리가 울려 퍼졌다.

이번에는 경아가 메아리를 들을 수 있었습니다. 경아가 '아'라는 음을 내는 데는 약 0.2초 걸립니다. 그런데 벽이 34m 떨어져 있으므로 소리가 벽까지 가는 데는 0.1초 걸리고 되돌아오는 데 0.1초 걸리므로 합쳐서 0.2초 후에 경아가 외친 소리의 메아리를 듣게 되는 거지요.

이렇게 소리의 반사를 이용하면 산과 산 사이의 거리를 알 수 있어요. 그리고 소리의 반사를 이용하면 바다의 깊이를 잴 수 있습니다. 배에서 바다 밑으로 초음파를 쏘아 초음파가 바닥에 부딪친 후 돌아올 때까지의 시간을 알면 바다의 깊이를 알 수 있지요.

소리의 흡수

장애물을 만난 소리는 모두 반사가 될까요?

하위헌스는 학생들을 당구장으로 데리고 갔다. 그리고 당구공을
45° 각도로 벽과 충돌시켰다. 벽에 부딪친 당구공은 45° 각도로 튀
어 나갔고 속력은 변함이 없는 듯 보였다.

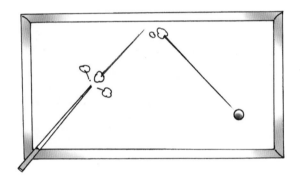

  딱딱한 벽에 부딪친 당구공은 속력이 많이 줄어들지 않았
지요?

하위헌스는 당구대 벽에 두툼하게 솜을 입혀 놓았다. 그리고 당구
공을 45° 각도로 벽과 충돌시켰다. 벽에 부딪친 당구공은 45° 각도

로 튀어 나갔지만 속력이 크게 줄어들었다.

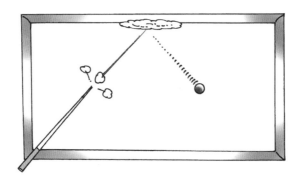

당구공이 솜에 부딪친 후에는 많이 느려졌지요? 그것은 솜
이 당구공의 속력을 줄어들게 했기 때문이지요.

소리의 경우도 마찬가지입니다. 단단한 벽과 부딪친 소리
는 소리의 세기가 많이 줄어들지 않지만, 부드러운 벽과 부
딪친 소리는 벽에 소리가 많이 흡수되어 반사된 소리의 세기
가 크게 줄어들게 됩니다.

줄의 반사

이번에는 줄에서 만들어지는 파동의 반사에 대해 알아봅시다.

하위헌스는 기둥에 줄을 꽁꽁 묶어 줄을 팽팽하게 한 후 줄의 한쪽 끝을 흔들었다. 다음과 같은 파동이 만들어져 기둥을 향해 진행했다.

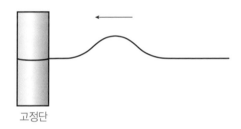

고정단

이렇게 기둥으로 들어가는 파를 입사파라고 합니다. 이제 이 파동이 기둥에 부딪친 후 만들어지는 반사파가 어떻게 되는지 지켜봅시다.

잠시 후 기둥에 부딪친 파동은 뒤집어져서 반사되었다.

입사파가 뒤집어져서 반사되었지요?

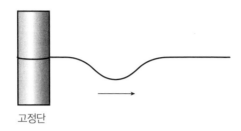

고정단

꽁꽁 묶어 놓은 한쪽 끝을 고정단이라고 하는데, 고정단에서 반사파는 뒤집어집니다.

이번에는 자유단에서의 반사를 봅시다.

하위헌스는 줄의 한쪽 끝에 고리를 달고 고리를 기둥에 걸었다. 고리는 기둥의 위아래로 움직일 수 있었다. 그다음 줄을 팽팽하게 한 후 줄의 한쪽 끝을 흔들었다. 다음과 같은 파동이 만들어져 기둥을 향해 진행했다.

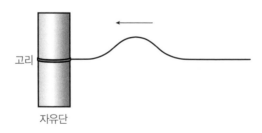

고리

자유단

하위헌스와 학생들은 숨을 죽이며 반사파의 모양이 나타나기를 기다렸다. 이번에는 뒤집어지지 않았다.

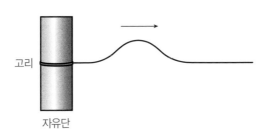

고리

자유단

이번에는 반사파가 뒤집어지지 않았군요. 이것은 기둥에서 고리가 자유롭게 위아래로 움직일 수 있기 때문입니다. 이런 곳을 자유단이라고 합니다. 따라서 줄에 만들어진 파동의 반사는 자유단에서는 뒤집어지지 않음을 알 수 있습니다.

이것은 왜 그럴까요?

우선 고정단의 반사를 봅시다. 줄은 무수히 많은 질량을 가진 작은 점으로 이루어져 있고 각 점의 진동이 옆으로 퍼져 나갑니다.

다음 그림과 같이 5개의 점을 생각해 봅시다. 기둥에 붙어 있는 점은 포박되어 있습니다. 그러므로 기둥을 따라 움직일 수 없다고 합시다.

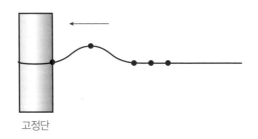

고정단

입사파가 기둥에 접근하는 경우는 다음과 같습니다.

물론 그다음은 기둥에 붙어 있는 점이 올라갈 차례입니다. 하지만 이 점은 너무 강하게 기둥에 붙어 있어 절대로 움직일 수 없습니다. 하지만 파동은 이 점이 올라가도록 밀게 됩니다. 그런데 점이 움직이지 못하므로 기둥의 반작용이 점을 아래로 움직이게 만듭니다. 그러므로 점들이 차례로 아래로 움직이게 만듭니다. 따라서 반사파는 다음과 같이 뒤집어지게 됩니다.

반작용

고정단

하지만 자유단의 경우는 기둥에 건 고리에 붙어 있는 점이
기둥을 따라 자유롭게 오르락내리락할 수 있으므로 파동이
뒤집혀질 필요가 없습니다.

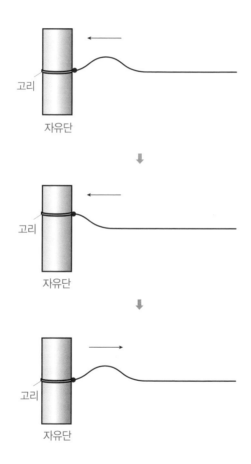

이번에는 가벼운 줄과 무거운 줄을 묶어 흔들어 봅시다.

하위헌스는 무거운 줄 쪽을 벽에 묶고 가벼운 줄 쪽을 흔들었다. 가
벼운 줄에서 만들어진 파동이 무거운 줄로 진행한 다음, 거꾸로 뒤
집혀 반사되었다.

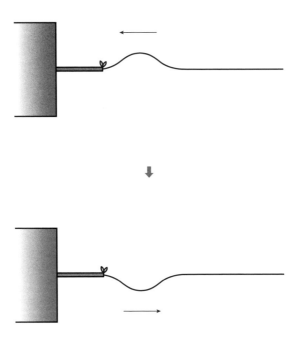

무거운 줄은 고정단에 대응됩니다. 그러므로 반사파는 뒤
집혀지지요.

하위헌스는 가벼운 줄 쪽을 벽에 묶고 무거운 줄 쪽을 흔들었다. 무거운 줄에서 만들어진 파동이 가벼운 줄로 진행한 다음, 뒤집히지 않은 채 반사되었다.

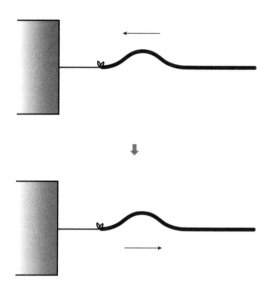

이때는 반사파가 뒤집히지 않았죠? 이때 가벼운 줄은 자유단에 해당합니다.

박사님, 이 총은 뭐죠? 새 임무에 쓰일 총인가요?

맞네. 이 총을 쏘면 아주 강력한 레이저가 발사되지. 양손에 총을 들고 저 벽에 한번 쏴 볼까?

으아악~~

이런. 특정 장애물을 만나면 반사가 될 수 있는 걸 깜빡했군. 잘못 사용하지 않으려면 파동의 반사 원리에 대해서 설명해야겠군.

한 파면의 양 끝점을 a와 b라고 해보지. a는 1m 가면 벽에 도착하고 b는 2m를 가면 도착할 것이네. 1초가 지난 후 볼까? 1초 후 a는 벽에 도착했지만 b는 아직 1m가 남아 있군.

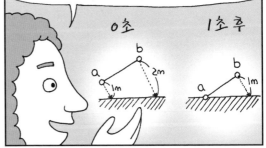

다음 1초 후는 어떨까? a는 벽에 부딪친 후 같은 각도로 반사되어 1m를 갔고, b는 이제야 벽에 도착했네. 그리고 다음 1초 후엔 a와 b가 만드는 반사된 새로운 파면이 만들어지지. 이런 식으로 파동은 어떤 장애물을 만나면 반사되어 새로운 파면을 만든다네.

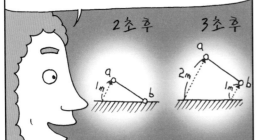

으액! 실수로 또 쐈어요.

이런~~

6

파동의 굴절

낮말은 새가 듣고 밤말은 쥐가 듣는다는 속담이 파동과 관계있다는 것을 아시나요?
파동의 굴절에 대해 알아봅시다.

6

파동의 굴절

하위헌스가 파동의 굴절에 대하여 여섯 번째 수업을 시작했다.

파동이 다른 매질을 지나갈 때 파동이 꺾이는 현상을 파동의 굴절이라고 합니다. 이것은 매질이 달라질 때 파동의 속도가 달라지기 때문에 일어나는 현상이지요.

파동은 매질이 단단할수록 빠르다고 했습니다. 그러므로 매질이 부드러운 곳에서 단단한 곳으로 지나가는 파동은 다음 페이지 그림과 같이 꺾이게 됩니다. 이때 파동의 진동수는 변하지 않지만 파장은 달라집니다.

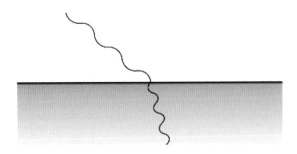

이것을 간단히 실험해 봅시다.

하위헌스는 준수와 아름이를 그림과 같이 바닥에 그은 선 위쪽에 세웠다. 그리고 두 사람이 긴 봉을 두 손으로 들고 있게 했다.

준수와 아름이가 들고 있는 봉이 두 사람이 만드는 파동의 파면이라고 합시다. 두 사람은 45° 각도로 선을 향해 들어가 는데, 준수는 1m가 남아 있고 아름이는 2m가 남아 있다고

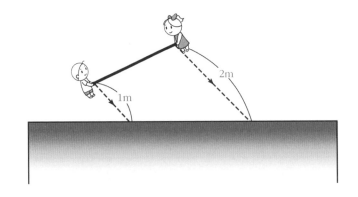

하지요. 그런데 선 위쪽에서는 1초에 1m씩 걸을 수 있고 아래쪽에서는 0.5m씩만 걸을 수 있다고 합시다.

1초 후 두 사람을 봅시다.

준수는 선에 도착했고 아름이는 아직 1m가 남아 있습니다. 그다음 1초 후를 봅시다. 아름이도 선에 도착하지요. 그런데 아름이는 똑바로 1m를 가면 되지만 준수는 0.5m를 가야 하므로 준수는 선을 넘어서 그림과 같이 꺾어져야 합니다.

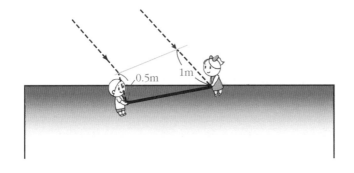

그러니까 파면이 꺾이지요? 이것이 바로 파동의 굴절입니다. 다음 1초 후에는 두 사람이 0.5m를 움직이므로 그림과 같이 되지요.

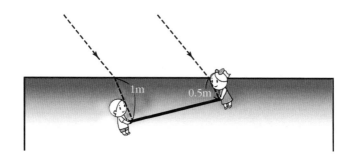

그러므로 속도가 달라지는 매질에서 파동이 굴절되는 것을 알 수 있습니다.

그렇다면 굴절된 후 파장은 어떻게 될까요? 우리의 실험에서 선을 넘으면 파동이 느려졌습니다. 이 파동의 진동수는 변하지 않으므로 파동의 주기도 변하지 않습니다.

'파장 = 파동의 속도 × 주기' 이므로 파동의 속도가 줄어드는 매질에서 파장이 짧아집니다.

소리의 굴절

소리는 공기의 진동이 퍼져 나가는 파동입니다. 그럼 소리
도 굴절할까요?

물론입니다. 소리의 굴절은 온도와 관계있습니다. 낮에는
지면의 공기가 뜨겁고 위쪽 공기는 차가워지므로 지면에서
소리의 속도는 빠르고 위쪽에서는 느립니다. 그러므로 위로
굴절되지요.

하위헌스는 미나와 한림이에게 손을 잡고 걸어오다가 한림이는 빠
르게 가고 미나는 천천히 걷게 했다. 그러자 두 사람은 미나 쪽으로
휘어졌다.

이런 원리로 낮에는 소리가 위로 올라가지요. 반대로 밤에
는 지면에 있는 공기가 차갑고 위쪽이 뜨거우므로 소리가 아
래쪽은 느리고 위쪽은 빨라져 아래로 굴절됩니다.

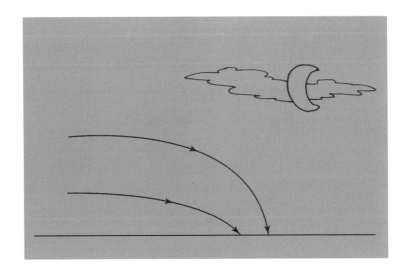

그러므로 낮말은 위에 떠 있는 새가 잘 듣고, 밤말은 땅바
닥을 기어다니는 쥐가 잘 듣는다는 속담이 나오게 된 거죠.

걱정하지 말아요. 파동이 굴절하는 걸 고려해 쏘면 맞힐 수 있어요.

어떻게 하죠? 분명히 물속의 적을 정확히 겨냥해서 쏘았는데 맞질 않아요.

파동이 다른 매질을 지나갈 때 꺾이는 현상을 파동의 굴절이라고 해요. 이것은 매질이 달라질 때 파동의 속도가 달라지기 때문에 일어나는 현상이지요.

파동의 굴절이요?

네. 파동은 단단한 곳에서는 빠르게 이동하고 부드러운 곳에선 느리게 이동하여 서로 다른 매질을 통과할 때는 부드러운 쪽으로 꺾이게 된답니다. 이때 파동의 진동수는 변하지 않지만 파장은 달라져요.

그러니까 총알이 물속으로 들어갈 때 꺾인다는 거지요?

파동의 한 파면을 a와 b라고 하고 45도 각도로 물을 향해 들어간다고 가정해요.
물까지 a는 1m가 남아 있고, b는 2m가 남아 있지요. 그런데 물 위쪽에서는 1초에 1m씩 가지만 아래쪽에서는 0.5m씩만 갈 수 있다고 하면 1초 후엔 어떻게 될까요?

a는 물에 도착했고, b는 아직 1m가 남아 있습니다. 그 다음 1초 후엔 b도 물에 도착하지만 a는 0.5m밖에 가지 못하므로 물을 넘어서 그림과 같이 꺾이게 되는 것이죠.

이걸 계산해서 적에게…앗! 그런데 적이 달아났어요.

7

파동의 간섭

2개의 파동이 부딪치면 어떻게 될까요?
파동의 간섭에 대해 알아봅시다.

7

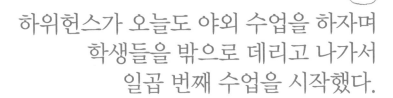

하위헌스가 오늘도 야외 수업을 하자며
학생들을 밖으로 데리고 나가서
일곱 번째 수업을 시작했다.

오늘은 파동의 간섭에 대해 공부하겠습니다.

하위헌스는 호수에 돌 2개를 동시에 던졌다. 두 돌은 동심원의 파문
을 만들다가 만나기 시작하면서 아름다운 간섭무늬가 만들어졌다.

간섭무늬는 왜 만들어질까요? 다음과 같은 두 파동을 봅시다.

파동 A와 파동 B의 골의 위치와 마루의 위치가 일치하지요? 두 파동 A와 B가 더해지면 다음과 같은 파동이 됩니다.

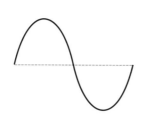

진폭이 2배로 되었군요. 그러니까 파동의 에너지가 커진 거죠. 이렇게 두 파동이 만나서 원래의 파동보다 진폭이 커지는 것을 보강 간섭이라고 합니다.

이번에는 다음과 같은 두 파동을 봅시다.

파동 A와 파동 B는 골의 위치와 마루의 위치가 반대이지요? 이러한 두 파동 A, B가 더해지면 다음과 같이 됩니다.

─────────────

이렇게 두 파동이 더해져서 사라지는 현상을 상쇄 간섭이라고 합니다.

그러면 호수에 던진 2개의 돌멩이가 파동을 만들 때 간섭이 일어나는 원리를 자세히 살펴봅시다. 두 파원에서 마루를 이은 파면을 진한 선으로, 골을 이은 파면을 점선으로 나타냅시다. 그러면 다음과 같습니다.

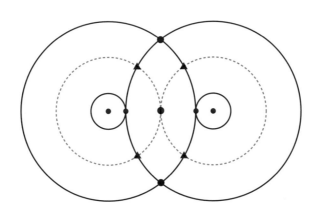

여기서 ●로 표시한 지점들은 골과 골이 만났거나 마루와 마루가 만난 곳이므로 보강 간섭이 된 지점입니다. 또한 ▲로 표시한 지점들은 골과 마루가 만난 지점이므로 상쇄 간섭이 일어난 지점이지요. 이렇게 하여 두 파동이 간섭을 일으켜 새로운 간섭 파동을 만듭니다.

소리도 파동이므로 간섭을 일으킵니다. 그러므로 2개의 스피커에서 나오는 소리가 보강 간섭을 일으켜 더 크게 들릴 수도 있고, 상쇄 간섭을 일으켜 잘 안 들릴 수도 있습니다.

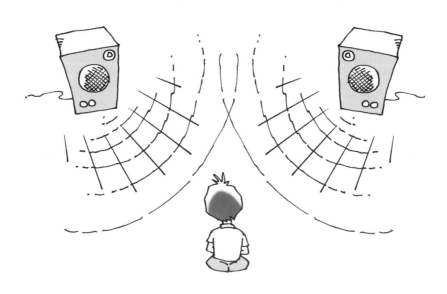

파동의 회절

담 너머에서 이야기하는 사람은 보이지 않아도 말소리는 들립니다. 둑에 틈이 생기면 틈을 통해 들어온 물이 둑 뒤쪽으로도 전달됩니다. 이와 같이 파동이 진행 도중 장애물을 만나거나 좁은 틈을 지날 때 장애물의 뒷부분까지 전달되는 현상을 파동의 회절이라고 합니다.

파동의 회절이 일어나는 현상을 하위헌스 원리를 이용하여 설명할 수 있습니다.

다음과 같이 평면파가 좁을 틈으로 다가오는 경우를 한번 봅시다. 틈을 제외한 부분에서는 파동이 반사되고 틈으로 들어간 파동은 틈 부분이 파원이 되어 구면파를 이룹니다.

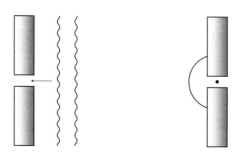

이 구면파의 몇 개의 점에서 다시 구면파를 만들어 공통으로 접하는 파면을 만들면 2차 파면이 만들어집니다.

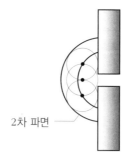

2차 파면

그러므로 틈으로 들어간 파동이 장애물의 뒤쪽으로도 진행한다는 것을 알 수 있습니다.

과학자의 비밀노트

회절(diffraction)

회절 현상은 입자가 아닌 파동에서만 나타난다. 입자의 진행 경로에 틈이 있는 장애물이 있으면 입자는 그 틈을 지나 직선으로 진행한다. 이와 달리 파동의 경우, 틈을 지나는 직선 경로뿐 아니라 그 주변의 일정 범위까지 돌아 들어간다. 이처럼 파동이 입자로서는 도저히 갈 수 없는 영역에 휘어져 도달하는 현상이 회절이다. 물결파를 좁은 틈으로 통과시켜 보면 회절을 쉽게 관찰할 수 있다.

회절의 정도는 틈의 크기와 파장에 영향을 받는다. 틈의 크기에 비해 파장이 길수록 회절은 더 많이 일어난다. 즉, 파장이 일정할 때 틈의 크기가 작을수록 회절이 잘 일어나, 직선의 파면을 가졌던 물결이 좁은 틈을 지나면 반원에 가까운 모양으로 퍼진다.

우아, 동시에 돌을 던지니까 간섭무늬가 만들어졌어!

너무 예쁘다. 그런데 물결의 간섭무늬는 왜 생기는 걸까?

그 원리를 설명해 줄게요. 두 파원에서 마루를 이은 파면을 진한 선으로, 골을 이은 선을 점선으로 나타내면 다음과 같아요.

그런데 점(●)으로 표시한 지점들은 뭐죠?

골과 골이 만났거나 마루와 마루가 만난 곳으로 보강 간섭이 된 지점이지요.

보강 간섭이 뭔가요?

보강? 뭔가 보충되는 건가?

보강 간섭은 두 파동이 중첩될 때 일어나는 간섭이에요. 즉 마루와 마루, 골과 골이 만나서 원래의 파동보다 진폭이 커지는 것을 말해요.

그렇군요. 그럼 세모(▲)로 표시한 지점들은요?

보강

그곳은 골과 마루가 만난 지점이라서 소멸 간섭이 일어난 지점이에요.

소멸 간섭은 뭐죠?

소멸? 뭔가 없어지는 건가봐!

골의 위치와 마루의 위치가 반대인 두 파동이 만나서 원래의 파동이 반대로 사라지는 현상이에요. 이렇게 두 파동이 간섭을 일으켜 새로운 간섭 파동을 만드는 것이죠.

아름다운 물결의 비밀을 이제 알았네요.

소멸

8

제자리에 서 있는 파동도 있을까요?

오른쪽으로도 왼쪽으로도 움직이지 않는 파동을 정상파라고 합니다.
정상파에 대해 알아봅시다.

여덟 번째 수업

제자리에 서 있는
파동도 있을까요?

하위헌스가 칠판에 '정상파'를 쓰면서
여덟 번째 수업을 시작했다.

오늘은 정상파에 대한 얘기를 먼저 시작하겠습니다. 정상파는 영어로는 standing wave라고 하니까 그대로 번역하면 '서 있는 파동'이라는 뜻입니다. 즉, 정상파는 움직이지 않고 제자리에 서서 진동하는 파동입니다.

먼저 정상파를 만들어 봅시다.

하위헌스는 두 기둥 사이에 줄을 묶고 한쪽을 퉁겼다. 그러자 다음과 같은 정상파가 만들어졌다.

파동이 제자리에 서서 진동하지요? 이것이 정상파입니다. 이런 파동이 만들어지는 것은 파동이 양쪽 끝 사이를 계속 왕복하면서 줄을 묶은 양쪽 고정점에서 입사파와 반사파가 간섭을 일으키기 때문입니다. 이 과정을 자세히 알아보지요.

그림과 같이 길이가 6m인 줄에서 왼쪽으로 움직이는 4m 파장의 파동이 만들어졌다고 합시다. 이 파동이 1m/s의 속도로 왼쪽 벽으로 움직인다고 가정하지요. 그럼 이 파동의 주기는 4초가 됩니다.

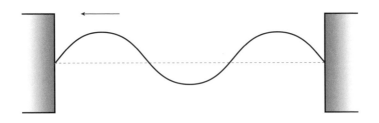

이 파동의 왼쪽 벽에 대한 반사파는 다음과 같습니다.

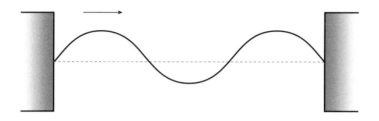

그러므로 입사파와 반사파가 간섭을 일으켜 다음과 같이
되지요.

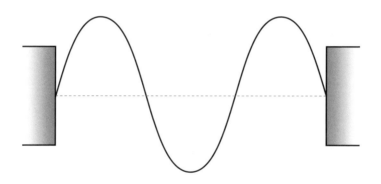

두 파동이 보강 간섭을 일으켰군요.

1초 후 입사파는 마루가 1m 왼쪽으로 움직이고 반사파는
마루가 오른쪽으로 1m 움직이므로 두 파동과 합쳐진 파동을
그리면 다음과 같이 됩니다.

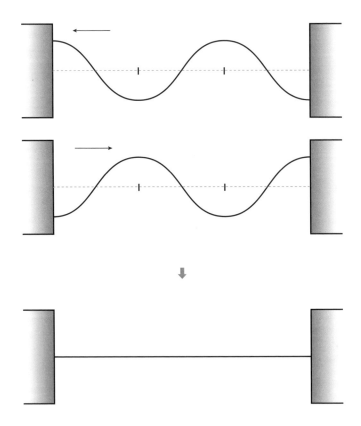

두 파동이 상쇄 간섭을 일으켰군요.

다시 1초 후 입사파는 마루가 1m 왼쪽으로 움직이고 반사

파는 마루가 오른쪽으로 1m 움직이므로, 두 파동과 합쳐진

파동을 그리면 다음과 같이 됩니다.

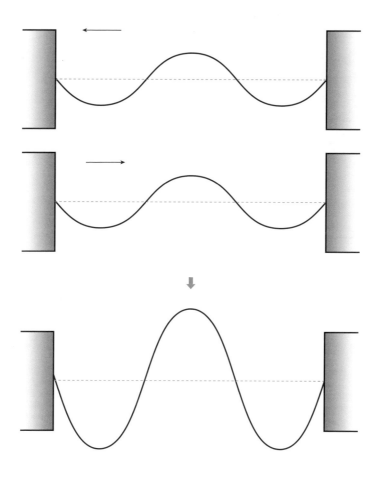

　두 파동이 보강 간섭을 일으켰군요.

　다시 1초 후 입사파는 마루가 1m 왼쪽으로 움직이고 반사
파는 마루가 오른쪽으로 1m 움직이므로 두 파동과 합쳐진
파동을 그리면 다음과 같이 됩니다.

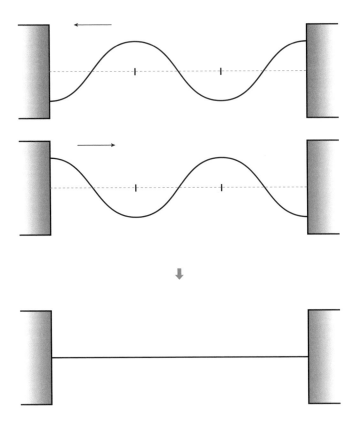

다시 1초 후 입사파는 마루가 1m 왼쪽으로 움직이고 반사
파는 마루가 오른쪽으로 1m 움직이므로, 두 파동과 합쳐진
파동을 그리면 다음과 같이 됩니다.

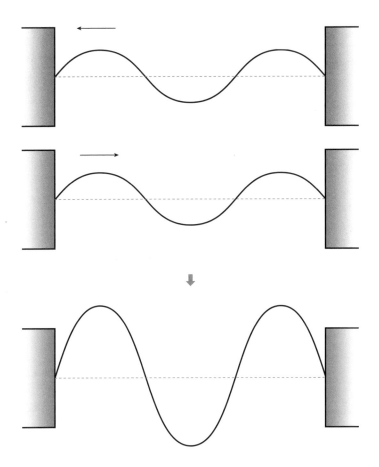

3초 동안 합쳐진 파동의 모습을 그리면 다음과 같습니다.

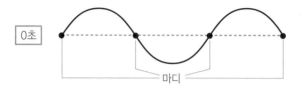

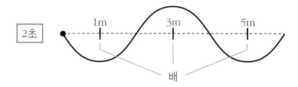

파동이 제자리에서 오르락내리락하는 모습이군요. 이것이
바로 양 끝이 고정된 줄에서 만들어지는 정상파입니다. 이때
0, 2, 4, 6m 지점은 전혀 진동을 하지 않는군요. 이 부분을
정상파의 마디라고 합니다. 한편 1, 3, 5m 지점은 최대 진폭
으로 진동을 하지요? 이 부분을 배라고 합니다.

9

도플러 효과란
무엇일까요?

움직이면서 소리를 내면 소리의 높낮이가 달라지나요?
파동의 도플러 효과에 대해 알아봅시다.

9

마지막 수업

도플러 효과란
무엇일까요?

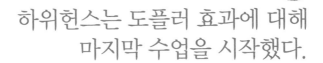

하위헌스는 도플러 효과에 대해 마지막 수업을 시작했다.

처음 하위헌스는 어떻게 학생들에게 파동과 소리에 대해 수식을 덜 쓰면서 수업을 할 수 있을까 우려했지만, 다행히 학생들이 잘 이해해 주어서 무사히 수업을 마쳐 가고 있었다.

우리를 향해 다가오는 차에서 내는 사이렌 소리는 정지해 있는 차에서 내는 사이렌 소리보다 높은음으로 들립니다. 그러니까 진동수가 더 크게 우리 귀에 들리는 거죠.

반대로 우리로부터 멀어지는 차에서 나는 사이렌 소리는 정지해 있는 차에서 나는 사이렌 소리보다 더 낮은음으로 들

립니다. 즉, 진동수가 낮은음으로 들리지요.

이렇게 움직이는 물체에서 나오는 소리가 다르게 들리는 현상을 도플러 현상이라고 합니다.

도플러 현상이란 듣는 사람으로부터 멀어지는 파동의 진동수는 작아지고, 가까이 오는 파동의 진동수는 커지는 현상이다.

왜 도플러 효과가 일어날까요?

고요한 호수 중앙에서 파동이 만들어졌다고 합시다. 이 파동의 주기가 10초라고 합시다. 물속에 정지해 있는 관찰자는 마루가 오고 10초 후에 다음 마루가 오는 것을 느끼게 됩니다.

그런데 이 관측자가 첫 번째 마루를 경험하자마자 파원 쪽으로 헤엄쳐 간다고 해 보죠. 그럼 이 관측자가 두 번째 마루

를 경험하는 시간은 10초보다 적게 걸립니다.

그러므로 이 관찰자에게는 파동의 주기가 짧아진 것으로 관측됩니다. 그러므로 진동수가 커진 것으로 관측되지요. 관

측자가 파동의 파원 쪽으로 가까이 가면 파동의 진동수가 커
지게 됩니다. 이 파동이 소리라면 높은음으로 들리겠지요.

그러므로 어떤 소리가 나는 곳으로 아주 빠르게 뛰어가면
원래의 소리보다 더 높은음의 소리를 들을 수 있습니다.

이상하네. 오토바이가 우리 앞으로 달려올수록 소리가 더 높은음으로 들려.

나도 그래.

그것이 바로 도플러 효과예요.

빠라바라빠라밤

도플러 효과요?

도플러 효과는 움직이는 물체에서 나오는 소리가 다르게 들리는 것을 말해요.

도플러 현상 :
듣는 사람으로부터 멀어지는 파동의 진동수는 작아지고, 가까이 오는 파동의 진동수는 커지는 현상

도플러 효과는 왜 일어나는 건가요?

소리가 다가오면, 소리의 파원과 관측자 사이의 거리가 좁아지면서 파동의 진동수가 증가하기 때문이지요.

마찬가지로 소리가 멀어지면 음파를 발생시키는 파장이 길어지고, 진동수가 감소하게 되는 것이죠.

그렇겠군요.

그래서 어떤 소리가 나는 곳으로 빨리 뛰어가면 원래의 소리보다 더 높은음의 소리를 들을 수 있었군요.

어? 저기 너희 엄마가 뭐라고 하시는데? 맛있는 거 사주실 건가 보다.

마트

장바구니 무거우니 같이 들자.

에이, 맛있는 기사 주실 줄 알았는데….

브레멘 동물 음악 대회

이 글은 그림 형제 원작의 〈브레멘 동물 음악대〉를 패러디한 동화입니다.

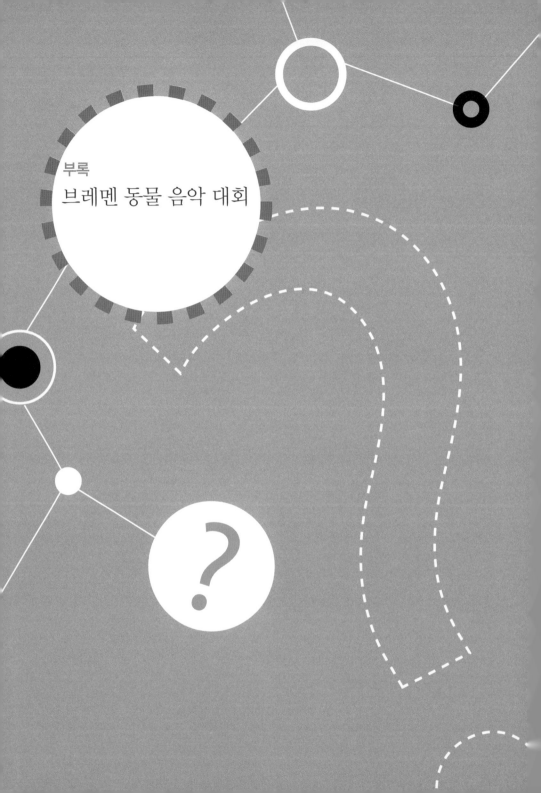

부록
브레멘 동물 음악 대회

옛날 어느 방앗간에 밀가루 부대를
나르는 늙은 나귀가 있었습니다.

늙은 나귀는 오랫동안 참을성 있게 힘든 일을 열심히 해 왔습니다. 하지만 요즈음은 몸이 말을 듣지 않아 일을 하는 날보다는 아파서 쉬는 날이 더 많았습니다.

늙은 나귀는 음악을 아주 좋아해서 주변의 모든 사물을 악기로 만들어 연주하곤 했습니다.

방앗간의 다른 동물들은 늙은 나귀의 연주를 듣는 것을 좋아했습니다. 단, 한 사람을 제외하고요. 그 사람은 바로 방앗간 주인이었습니다. 그는 늙은 나귀가 일보다 연주를 좋아하여 다른 동물들에게 악기 연주를 가르쳐 주는 것을 오래전부터 마음에 들어 하지 않았습니다.

어느 날 방앗간 주인이 늙은 나귀를 불렀습니다.

"무슨 일이시죠, 주인님?"

늙은 나귀가 물었습니다.

"이 쓸모없는 나귀 녀석, 일은 안 하고 맨날 북이나 두들기고. 이젠 네 가죽을 벗겨 북이나 만들어야겠다."

주인은 매우 화를 내며 말했습니다.

주인은 곧장 늙은 나귀를 창고에 가두고 아무것도 먹이지 않았습니다. 늙은 나귀는 시름시름 앓기 시작했습니다.

"물……물…….."

늙은 나귀는 창고 안에서 소리쳐 보았지만 아무도 그 소리를 듣지 못했습니다. 그러던 어느 날 밤 스르륵 소리를 내면서 창고의 문이 열렸습니다. 나귀에게 악기 연주를 배우고 있던 젊은 나귀였습니다.

"어서 도망치세요. 주인이 내일 당신을 도살장에 팔아넘긴대요."

젊은 나귀는 작은 소리로 말했습니다.

젊은 나귀의 도움으로 늙은 나귀는 창고에서 빠져나올 수 있었습니다.

"어디로 가야 하지?"

벌써 겨울이 되려고 들판에는 으스스 찬바람이 불었지만 나귀는 갈 곳이 없었습니다. 태어나면서부터 방앗간에서만 살았기 때문입니다.

늙은 나귀는 길을 따라 터벅터벅 걸어갔습니다.

"이젠 좀 쉬었다 가야지."

늙은 나귀는 느티나무 아래서 잠시 쉬어 가기로 했습니다.

"저건 뭐지?"

늙은 나귀는 느티나무에 붙어 있는 종이를 발견했습니다.

그것은 브레멘에서 동물들의 음악 대회가 열린다는 내용의

광고였습니다.

"그래 내 꿈은 원래 음악가였어. 밴드를 만들어 저 대회에 참가하는 거야."

늙은 나귀는 두 손을 불끈 쥐었습니다. 그리고 신이 나서 걸어갔습니다. 브레멘 음악 대회에 참가한다는 생각을 하니까 갑자기 힘이 솟아나는 것 같았습니다.

언덕을 몇 고개 넘었을 때, 늙은 나귀는 길가에 쭈그리고 앉은 늙은 원숭이를 만났습니다.

"이봐! 어째서 이런 곳에 혼자 앉아 있는 거야?"

늙은 나귀는 걱정스러운 눈빛으로 물었습니다.

늙은 원숭이는 울먹이며 이야기를 시작했습니다.

"나를 기르던 주인에게 쫓겨난 신세가 되고 말았다네."

"무슨 잘못을 했는데?"

"나는 줄을 만드는 공장에서 일하고 있었어."

"어떤 줄이지? 야, 그거 재미있겠는걸!"

늙은 나귀는 흥미롭다는 듯이 귀를 기울였습니다.

"플라스틱으로 만드는 줄이야. 하루 종일 기계에서 나오는 줄을 뽑아 적당한 길이로 잘라 포장하는 일이었어. 줄은 두 꺼운 것도 있고 가느다란 것도 있는데 늙으니까, 눈이 짐침 해져서 가느다란 줄이 잘 보이질 않는 거야. 그래서 규격보다 길거나 짧게 줄을 자르게 되니까 주인이 필요 없다고 내쫓더군."

원숭이가 울먹거렸습니다. 나귀는 원숭이가 불쌍해서 그만 눈물을 흘리고 말았습니다.

"그것 참 안됐군. 그럼 나와 함께 브레멘에 가서 동물 밴드를 만들어 보는 게 어때?"

"그런데 나는 악기를 다룰 줄 몰라."

"공장에서 가지고 온 줄이 있지?"

나귀는 원숭이의 주머니를 흘깃 바라보면서 말했습니다.

"물론이지."

원숭이는 주머니에서 굵기가 서로 다른 6개의 줄을 꺼냈습니다. 줄의 길이는 모두 같았습니다.

"좋아, 악기를 만들어 줄게."

나귀는 자신 있는 표정으로 말했습니다. 나귀는 속이 뻥 뚫린 나무통에 6개의 줄을 차례대로 묶었습니다.

"이게 바로 기타라는 악기야. 너는 이 악기를 연주하면 돼."

나귀가 원숭이에게 기타를 건네며 말했습니다.

"어떻게 연주하지?"

원숭이는 생전 처음 보는 악기가 신기해서 물었습니다.

"줄을 퉁기면 돼."

나귀는 웃으며 말했습니다. 원숭이는 맨 윗줄을 퉁겼습니다. 낮은음이 울려 퍼졌습니다.

"정말 소리가 나는군. 신기해."

"줄에서 정상파가 만들어지기 때문이야. 그 정상파의 진동수와 같은 진동수로 공기가 진동을 하여 그 진동수의 음이 나오는 거야."

나귀가 친절하게 설명해 주었습니다. 원숭이는 갑자기 다른 5개의 줄을 보더니 이렇게 말했습니다.

"나머지 줄은 왜 매달아 놨지?"

"맨 윗줄부터 아래로 내려갈수록 줄의 굵기가 가늘어지지? 줄의 굵기에 따라 음이 달라지거든."

"어떻게 달라지지?"

"줄이 가늘수록 높은음이 만들어져."

나귀의 말이 끝나자 원숭이는 여섯 개의 줄을 차례로 퉁겼습니다. 점점 높은음이 울려 퍼졌습니다. 원숭이는 무척 신기해하는 표정이었습니다.

한참 여섯 줄을 퉁기던 원숭이가 말했습니다.

"그런데 나오는 음이 미, 라, 레, 솔, 시, 미뿐이야. 그럼 도, 파는 어떻게 만들지?"

"같은 굵기의 줄이라도 길이가 짧아지면 더 높은음이 만들어져. 맨 윗줄의 세 번째 칸을 왼손으로 꽉 누르고 퉁겨 봐."

원숭이는 나귀가 시키는 대로 했습니다. '파'음이 울려 퍼졌습니다.

"파가 나왔어."

원숭이는 신이 났습니다. 그리고 다른 줄도 왼손으로 눌러 줄의 길이를 짧게 만들었습니다. 점점 높은음이 만들어졌습니다.

"이젠 됐어. 너는 이제부터 이 악기를 다루면 돼."

나귀가 말했습니다.

"그럼 나도 동물 밴드가 되는 거야?"

원숭이는 뛸 듯이 기뻐했습니다.

　이렇게 하여 나귀와 원숭이는 함께 브레멘을 향해 길을 떠났습니다.

　이윽고 작은 다리에 이르렀을 때, 나귀와 원숭이는 한 늙은 타조를 만났습니다. 타조는 오른쪽 다리를 절룩거리며 걷고 있었습니다.

　"타조야. 어째서 이런 외딴 곳에 혼자 있는 거니?"

　원숭이는 걱정스러운 눈빛으로 물었습니다.

　"나는 달리기 선수야. 그런데 오른쪽 다리를 다치고 나서부터는 잘 뛸 수가 없어. 그래서 육상 팀에서 쫓겨났지. 그런데 갈 데가 없어서 방황하고 있는 거야."

타조가 슬픈 표정으로 말했습니다.

"그렇다면 우리랑 같은 신세군. 우리 함께 브레멘에 가지 않을래?"

원숭이가 제안했습니다.

"브레멘에는 왜 가는데?"

"우리는 동물 밴드를 만들고 있어. 브레멘에서 열리는 동물 음악제에 참석할 거야."

"그거 재밌겠다. 나도 끼워 줘."

"좋아. 그럼 소리를 내 봐."

원숭이가 말했습니다. 타조는 입을 열어 소리를 내 보았지만 아무 소리도 나오지 않았습니다.

"왜 소리가 안 들리는 거지?"

원숭이가 궁금해했습니다.

"타조는 성대가 없어. 그러니까 소리를 낼 수 없어."

조용히 얘기를 듣고 있던 나귀가 말했습니다.

"흑흑, 나는 아무짝에도 쓸모없어."

타조가 엉엉 울었습니다.

"타조는 팔이 없으니까 악기를 다루기도 힘들 텐데. 어떡하지?"

원숭이가 나귀를 쳐다보며 말했습니다.

"타조가 우릴 도울 일이 많을 거야. 함께 가자."

나귀가 제안했습니다. 타조는 울음을 멈추었습니다. 그래서 나귀와 원숭이는 타조와 함께 브레멘을 향해 길을 떠났습니다. 원숭이는 타조 등에 타고 기타를 신나게 퉁겼습니다.

"찍찍찍."

어느 집 앞에 이르렀을 때 쥐 소리가 났습니다. 조그만 생쥐 한 마리가 먹을 것이 없어 울고 있었습니다.

"배고파."

생쥐가 말했습니다. 나귀는 짐을 풀어 간단하게 밥상을 차

려 주었습니다. 생쥐는 정신없이 밥을 먹었습니다. 그러고
나서 물었습니다.

"너희들은 어디로 가는 거니?"

"우리는 브레멘 음악제에 참가하는 동물 밴드야."

타조가 말했습니다.

"동물 밴드! 나도 해 보고 싶었는데."

"생쥐 소리는 높은 진동수를 가지고 있어. 그러니까 높은음
을 맡으면 될 거야."

나귀가 눈을 번쩍 뜨고 말했습니다. 그날 모든 동물들은 그
집에서 하루를 보냈습니다.

다음 날 아침, 모두들 집을 나와 브레멘으로 향하는 길을
떠났습니다. 낮이 되어 그들은 조그만 공장 앞을 지나게 되
었습니다. 공장 앞에는 주머니에 아기를 담은 캥거루가 사장
으로 보이는 사람에게 사정을 하고 있었습니다. 무슨 일이
있나 궁금해서 모두들 캥거루에게로 갔습니다.

"아이가 장난을 못 치게 할 테니 한 번만 봐주세요."

캥거루가 두 손을 싹싹 빌면서 사장에게 말했습니다.

"안 돼. 우리 공장에서는 아이가 있는 동물은 일할 수 없
어."

사장이 성난 표정으로 말하고 공장 안으로 들어갔습니다.

"아이를 데리고 마땅히 갈 데도 없어요. 한 번만 봐주세요."

캥거루는 바닥에 주저앉아 엉엉 울었습니다. 동물들은 캥거루 모녀가 불쌍해서 함께 울었습니다.

"캥거루도 우리 음악대에 넣어 주자."

타조가 제안했습니다.

"그래. 캥거루는 두 팔로 북을 두드리면 될 거야."

나귀가 말했습니다. 이렇게 해서 동물 밴드는 나귀, 원숭이, 타조, 캥거루 모녀, 생쥐를 포함해 모두 6마리로 늘어났습니다.

동물 밴드는 다시 브레멘으로 향하는 길을 떠났습니다. 브레멘으로 가는 길에는 조그만 강이 있었습니다. 동물들은 강 앞에 멈추어 섰습니다. 강에 다리가 없었기 때문입니다.

그때 강 속에서 하마가 나타났습니다.

"내가 도와줄게."

하마는 이렇게 말하면서 동물들을 등에 태워 강을 건넜습니다.

"하마야, 고마워."

생쥐가 인사했습니다.

"너희들은 심심하지 않아서 좋겠다."

하마는 시무룩한 표정으로 말했습니다.

"너도 우리와 함께 음악을 해 보겠니?"

원숭이가 제안했습니다.

"하지만 나는 노래를 잘 못 불러."

하마는 아쉬워했습니다. 그때 강물에 길이가 다른 빨대들
이 떠내려가고 있었습니다.

하마는 물속으로 뛰어들어 빨대를 입에 대고 불었습니다.
그러자 소리가 울려 퍼졌습니다.

"난 빨대 부는 걸 좋아해."

하마가 말했습니다.

"그래, 빨대를 이용하면 되겠어."

나귀가 손뼉을 치며 말했습니다.

"빨대도 악기가 된다고?"

원숭이가 치던 기타를 내려놓고 물었습니다.

"빨대처럼 양쪽이 뚫려 있는 관을 이용하면 소리를 만들 수 있어. 관의 길이가 길면 낮은음이 나오고, 관의 길이가 짧으면 높은음이 나오지."

나귀는 이렇게 얘기하며 여덟 개의 길이가 다른 빨대를 붙여 하마에게 건네주었습니다.

하마가 가장 긴 빨대를 불었습니다. 낮은 '도' 음의 소리가

났습니다. 그다음으로 긴 빨대를 불자 '레' 음의 소리가 났습니다. 하마는 신이 나서 가장 짧은 빨대까지 차례로 불었습니다. 도레미파솔라시도의 음이 차례로 울려 퍼졌습니다. 동물들은 모두 손뼉을 쳤습니다.

"빨대로 악기를 만들다니 정말 신기하군."

이제 동물 밴드는 모두 7마리로 늘어났습니다. 그리고 동물 밴드는 다시 브레멘으로 향하는 길을 떠났습니다. 모두들 할 일이 생겨 신이 난 표정이었습니다.

다음 날 동물들은 브레멘에 도착했습니다. 브레멘은 음악제에 참가하려는 많은 동물들로 붐볐습니다. 새들로만 이루어진 밴드, 지네 밴드, 귀뚜라미 밴드 등 수많은 동물들이 모였습니다.

"참가 팀이 저렇게 많다니?"

원숭이가 놀란 표정으로 말했습니다.

"모두 모여 봐. 대회에 참가하려면 우리 밴드의 이름을 정해야 해. 무슨 이름이 좋을까?"

나귀가 모두에게 물었습니다. 잠시 조용해졌습니다. 아무도 마땅한 이름이 생각나지 않았기 때문이었습니다.

그때 생쥐가 말했습니다.

"애니뮤즈가 어때?"

"무슨 뜻이지?"

타조가 물었습니다.

"우리는 모두 동물이니까 애니멀의 애니를 쓴 거고, 뮤즈는 음악의 신 이름이야. 그러니까 합치면 동물 음악신이 되는 거지."

생쥐가 흥분하며 말했습니다.

"좋은 이름이야. 그걸로 하자."

모두 생쥐의 의견에 동의했습니다. 이리하여 7마리의 동물로 구성된 밴드의 이름은 애니뮤즈가 되었습니다.

나귀는 애니뮤즈의 이름으로 브레멘 음악제에 참가 신청을 했습니다. 대회는 내일이었습니다.

애니뮤즈는 숲 속으로 가서 연습하기로 했습니다.

"나귀야, 너는 무슨 연주를 할 건데?"

생쥐가 물었습니다.

"나와 타조는 내일 대회에서 알게 될 거야. 그때까진 비밀이야."

나귀가 의미심장한 미소를 지으며 대답했습니다. 나귀와 타조를 제외한 모든 동물들이 각자의 악기를 연습했습니다. 높은음을 내는 생쥐는 달걀노른자를 먹어 가며 좀 더 진동수가 큰 소리를 내는 연습을 했습니다. 숲은 애니뮤즈의 음악 소리로 가득 찼습니다.

다음 날 애니뮤즈는 음악제가 열리는 브레멘의 야외 음악당으로 갔습니다. 타조는 아직도 자신이 무슨 역할을 할지 몰라 걱정스러워하는 표정이었습니다. 참가자들은 번호 추첨을 했고 애니뮤즈는 가장 마지막으로 노래를 부르기로 되었습니다.

야외 음악당은 브레멘 음악제를 보기 위해 전 세계에서 온 수많은 동물들로 발 디딜 틈조차 없을 정도로 붐볐습니다. 참가 팀을 응원하는 현수막들도 여기저기 걸려 있었습니다. 하지만 일터에서 쫓겨난 애니뮤즈를 응원하는 관중은 한 명도 발견할 수 없었습니다.

드디어 브레멘 음악대회가 시작되었습니다. 말솜씨가 좋은 메뚜기가 사회를 맡았습니다.

"참가 번호 1번 새들의 합창 팀입니다. 아름다운 화음을 들려준다고 합니다."

새들의 합창 팀은 비둘기, 제비, 독수리로 이루어진 팀이었습니다. 이들은 똑같은 악기를 입에 물고 관중 쪽으로 날아가거나 관중들로부터 멀어지면서 아름다운 화음을 만들었습니다.

"똑같은 악긴데 왜 소리가 달라지는 거지?"

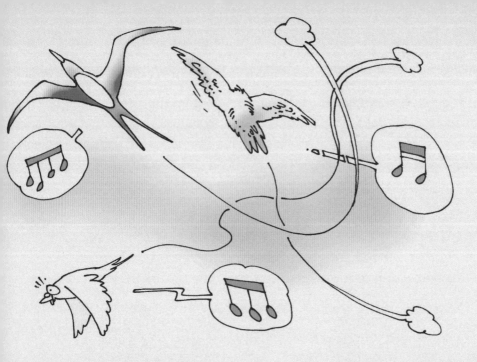

생쥐가 물었습니다.

"도플러 효과 때문이야. 듣는 사람 쪽으로 다가오는 소리는 높은음으로 들리고, 멀어지는 소리는 낮은음으로 들리거든. 새들은 아주 빠르게 날아다닐 수 있으니까 도플러 효과를 이용하여 높낮이가 다른 음을 만들 수 있는 거지."

나귀가 설명했습니다.

그때 사회자 메뚜기가 다음 참가 팀을 소개했습니다.

"참가 번호 2번은 딱따구리입니다. 타악기 연주를 들려준다고 합니다."

잠시 후 무대에는 나무 기둥이 세워졌습니다. 그리고 딱따구리는 나무에 부리를 대고 1초에 20회 정도 쪼았습니다.

"음의 높이가 없어."

타조가 말했습니다.

"저 연주는 타악기라고 보면 돼. 음이 높아졌다 낮아졌다 하는 것을 멜로디라고 하고 음의 박자를 리듬이라고 하는데, 타악기는 멜로디를 줄 수 없는 악기야. 지금 딱따구리는 20Hz의 진동수로 나무를 쪼는 타악기 연주를 하는 거야. 멜로디가 없으니까 단조롭지?"

나귀가 말했습니다.

처음 딱따구리의 나무 쪼는 소리를 신기하게 듣던 관중들도 계속 같은 음이 이어지자 지루해하기 시작했습니다. 사회

를 보는 메뚜기도 졸음이 오는지 딱따구리의 진동수와 조화를 이루면서 고개가 오르락내리락하고 있었습니다.

딱따구리의 연주가 끝나자, 다음에는 참가 번호 3번이 소개되었습니다.

"참가 번호 3번은 댄스 뮤직을 선보일 동물 춤의 달인, 오랑우탄입니다."

오랑우탄은 무대에 나오자마자 두 손으로 가슴을 때리며 요란하게 무대를 뛰어다니면서 노래를 불렀습니다. 노래가 절정에 달하는 순간 조용해졌습니다. 오랑우탄이 지쳐 높은 음이 나오지 않았기 때문이지요.

"노래를 왜 안 부르는 거지?"

원숭이가 물었습니다.

"춤을 추는 데에 에너지를 모두 소비해서 그래. 노래를 하는 데에도 에너지가 필요하거든. 특히 높은음은 진동수가 크고 진동수가 큰 소리는 큰 에너지를 가지고 있으니까, 높은음을 내려면 큰 에너지가 필요해. 그런데 춤을 추는 데에도 운동 에너지가 필요하거든. 너무 심하게 춤을 추다 보니까 자신이 가진 에너지가 운동 에너지로 많이 사용되어 높은음을 낼 수 있는 소리 에너지를 만들 수 없었던 거야."

나귀가 말했습니다.

　참가 번호 4번부터 8번까지의 공연이 끝났습니다. 그리고 참가 번호 9번이 공연을 하고 있었습니다. 그때 나귀가 가지고 온 상자를 꺼냈습니다. 상자 안에는 유리컵이 8개 들어 있었습니다. 모두들 신기한 눈으로 유리컵을 바라보았습니다.

　"이 컵으로 뭘 하겠다는 거지?"

　캥거루가 물었습니다.

　"그건 비밀이야. 조금 뒤에 알려 줄게."

　나귀는 이렇게 말하고 타조에게로 가서 귓속말로 뭐라고 속삭였습니다. 타조는 무언가 알아들었다는 듯이 고개를 끄덕였습니다.

　"참가 번호 10번 애니뮤즈 팀입니다. 이들의 환상적인 공연을 감상하겠습니다."

　사회자 메뚜기의 소리가 들렸습니다.

모두 무대로 나갔습니다. 나귀는 컵 8개를 탁자 위에 놓고 물을 따랐습니다. 물이 가장 적은 컵부터 가장 많은 컵까지 차례로 세워 놓았습니다.

모두들 8개의 컵을 신기한 듯 바라보았습니다. 드디어 애니뮤즈의 공연이 시작되었습니다.

캥거루 모녀가 드럼을 쳤습니다. 위에 있는 2개의 작은북은 엄마 캥거루가 쳤고 큰북은 뱃속에 있는 아기 캥거루가 쳤습니다.

잠시 후 원숭이가 기타 줄을 퉁기기 시작했습니다. 원숭이는 무대를 걸어 나오면서 열심히 기타를 쳤습니다. 하마도 빨대가 8개 붙어 있는 악기를 불면서 기타와 화음을 맞추었습니다. 관중들은 애니뮤즈의 음악에 점점 빠져들었습니다.

잠시 후 생쥐가 엄청나게 높은음을 내면서 아름다운 노래를 불렀습니다. 그때 놀라운 일이 벌어졌습니다. 성대가 없는 타조가 아주 낮은음을 주기적으로 내기 시작한 것입니다.

타조가 우는 것을 처음 본 애니뮤즈와 관중들의 시선이 타조에게 집중되었습니다. 하지만 그때까지도 나귀는 아무것도 하지 않고 있었습니다.

노래가 절정으로 가면서 생쥐의 높은음과 타조의 낮은음이 아름다운 화음을 이루었습니다. 그리고 캥거루 모녀의 경쾌한 드럼 연주, 원숭이의 기타 연주, 하마의 빨대 연주가 어우러져 관중들은 애니뮤즈의 역동적인 소리에 점점 빨려들어가고 있었습니다.

그렇게 4악장 중 3악장이 끝나고 잠시 조명이 어두워지면서 모든 악기들의 소리가 들리지 않았습니다. 모두들 갑자기 음악이 사라진 것에 이상하다는 표정을 보였습니다. 그때 나귀가 물컵 8개를 막대기 2개로 두드렸습니다. 물컵에서 나오는 소리는 아주 맑은 음이었습니다.

그 반주에 맞춰 생쥐의 아리아가 이어졌습니다. 물론 타조의 낮은음도 시작되었지요. 다시 모든 악기들이 연주되면서 음악은 최고의 절정에 다다랐습니다. 관중들은 태어나서 처음 들어 본 웅장한 연주에 모두 넋이 나간 표정으로 앉아 있

었습니다. 잠시 후 애니뮤즈의 공연이 끝이 났습니다. 박수소리가 울리지 않았습니다. 나귀를 비롯한 애니뮤즈의 동물들은 약간 실망한 눈빛이었습니다.

갑자기 관중석의 모든 동물들이 자리에서 일어나 기립 박수를 시작했습니다. 나귀는 동물들을 모두 무대로 데리고 나와 인사를 시켰습니다.

하지만 박수 소리는 멈출 줄을 몰랐습니다. 이렇게 하여 애니뮤즈는 처음 참가한 브레멘 음악제에서 대상을 차지했습니다.

그날 밤 숙소에서 생쥐가 타조에게 물었습니다.

"나귀가 뭐라고 했는데 성대도 없는 네가 노래를 부르게 된 거니?"

"성대 대신 귓구멍을 이용하라고 했어. 귓구멍으로 공기를 빨아들였다가 밖으로 내보내면 소리가 날 거라고 하기에 그렇게 한 것뿐이야."

"그런 방법이 있었군."

그때 하마가 나귀에게 물었습니다.

"물컵에서 왜 아름다운 소리가 난 거지?"

"물컵에 물을 부어 두드리면 소리가 나거든. 그때 물이 적게 들어 있는 컵에서는 높은음이 나오고 물이 많이 들어 있는 컵에서는 낮은음이 나와. 나는 물이 가장 적게 들어 있는 컵이 높은 '도' 음의 소리를, 다음 적게 들어 있는 컵이 '시' 음의 소리를 내고 이런 식으로 하여 가장 물이 많이 차 있는 컵을 두드렸을 때는 낮은 '도' 음의 소리가 울리게 물을 채워 놓은 거야. 그러니까 이게 바로 물컵 실로폰의 원리야."

나귀가 설명했습니다.

애니뮤즈가 브레멘 음악 대회에서 대상을 받았다는 소문이 전 세계로 퍼졌습니다. 이후 애니뮤즈는 세계 순회 공연을 하면서 음악 활동을 하게 되었습니다.

빛의 파동설을 제창한
하위헌스 Christiaan Huygens, 1629~1695

하위헌스는 네덜란드에서 시인이자 작곡가인 콘스탄테인 하위헌스의 아들로 태어났습니다.

그는 어려서부터 데카르트의 영향을 많이 받았는데, 실험이나 관측도 매우 중요시했습니다.

하위헌스는 1956년에 망원경을 개량하여 토성과 토성 고리의 선명한 모습을 발견하였습니다. 또한 오리온 성운을 처음으로 관측하기도 하였습니다.

1656년에는 진자 시계를 발명하였습니다. 이 시계 제작에 관한 내용을 《진자 시계》라는 책으로 출판하였는데, 이 책의 원심력에 관한 부분은 나중에 뉴턴의 만유인력의 법칙에 도움이 되었습니다.

1666년에 프랑스 과학아카데미가 창립되자, 하위헌스는 파리로 초청되어 최초의 외국인 회원이 된 후 1681년까지 중심 인물로 활약했습니다.

1681년 프랑스에서 네덜란드로 돌아온 그는 6년간 초점 거리가 매우 긴 렌즈를 만드는 데 몰두하였습니다. 하위헌스는 이것을 높은 장대 위에 달고 접안렌즈와는 줄로 연결시킨 공중 망원경을 만들었습니다. 또, 거의 완벽하게 색수차가 없는 접안렌즈인 하위헌스형 접안렌즈를 만드는 데 성공하였습니다.

하위헌스는 '하위헌스의 원리'를 발견하고, 1690년 출판한 《빛의 개론》을 통하여 이 이론을 발표하였습니다.

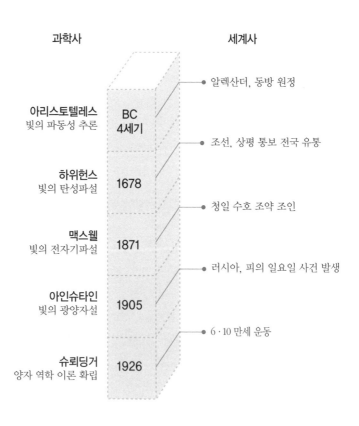

과학사

세계사

● 알렉산더, 동방 원정

아리스토텔레스
빛의 파동성 추론

BC
4세기

● 조선, 상평 통보 전국 유통

하위헌스
빛의 탄성파설

1678

● 청일 수호 조약 조인

맥스웰
빛의 전자기파설

1871

● 러시아, 피의 일요일 사건 발생

아인슈타인
빛의 광양자설

1905

● 6 · 10 만세 운동

슈뢰딩거
양자 역학 이론 확립

1926

1. 파동에서 진동을 전달하는 물질을 ☐☐ 이라고 합니다.

2. 매질이 한 번 진동하는 데 걸리는 시간을 파동의 ☐☐ 라고 합니다.

3. 파면이 시간에 따라 그다음 파면을 형성하는 원리를 ☐☐☐☐ 원리 라고 합니다.

4. ☐☐☐에서 반사파는 뒤집어집니다.

5. 파동이 다른 매질을 지나갈 때 파동이 꺾이는 현상을 파동의 ☐☐ 이 라고 합니다.

6. 두 파동이 만나서 원래의 파동보다 진폭이 커지는 것을 ☐☐ 간섭이 라고 하며, 두 파동이 만나서 파동이 사라지는 현상을 소멸 간섭이라고 합니다.

7. 듣는 사람으로부터 멀어지는 파동의 ☐☐☐ 는 작아지고, 가까이 오 는 파동의 ☐☐☐ 는 커집니다.

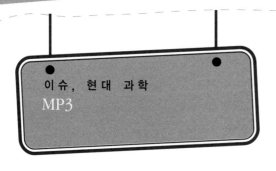

MP3(MPEG Audio Layr-3)는 멀티미디어 데이터 압축 기술이 만들어 낸 최고의 상품입니다. MP3는 음악을 고음질로 압축한 파일을 말합니다. 소리 압축 기술은 청각 심리 모형을 이용합니다. 이것은 인간이 들을 수 없거나 듣지 않아도 되는 부분을 버리고 디지털화함으로써 데이터의 양을 줄이는 것입니다.

사람이 귀로 들을 수 있는 소리(음파)의 진동수 영역은 16 Hz(헤르츠)에서 2만 Hz 사이입니다. 16Hz보다 진동수가 작은 소리를 초저주파라고 하고 2만 Hz 이상의 진동수를 가진 소리를 초음파라고 하는데, 초저주파나 초음파는 사람이 들을 수 없는 소리입니다.

음악을 디지털화하는 과정에서 인간이 들을 수 없는 진동수의 소리나 전문가만이 구별할 수 있는 특정 음 뒤의 여운은

제거합니다. 이렇게 하면 음악 한 곡이 11분의 1 정도의 크기로 압축이 됩니다. 한 곡에 수십 MB(메가바이트)에 달하는 데이터가 4 내지 5MB의 크기로 줄어드는 것이지요. 즉 CD 1장에 10여 곡 정도가 저장되는 것에 비해 MP3 압축 파일은 100여 개의 곡을 CD 한 장에 저장할 수 있습니다.

MP3의 3는 무엇을 뜻할까요? 1988년 음악을 압축하는 엠펙(MPEG) 기술이 개발되었습니다. 이때 압축 비율과 데이터 구조에 따라 오디오 압축 기술이 레이어1, 레이어2, 레이어3의 세 가지로 나뉘었습니다. 이 세 가지 중 가장 압축 비율이 좋았던 것이 레이어3였습니다. 그리하여 엠펙의 레이어3에 따라 음악을 압축한 파일을 MPEG Audio Layer-3 라고 하는데, 이를 줄여서 MP3라고 부르는 것입니다.

이렇게 뛰어난 음질과 압축률로 인해 MP3는 인터넷, 방송국 등에 널리 이용되고 있습니다. 그러나 이와 같은 특징으로 인해 컴퓨터 이용자들이 데이터 저작권자의 수락을 받지 않은 채 음악골을 인코딩하여 배포함으로써, 저작물의 불법 복제 시비가 야기되었습니다.